U0685187

自然科学新启发丛书

主　编　姚宝骏　郭启祥
本册主编　曾宾宾

多彩的生命

duocai de shengming

百花洲文艺出版社
BAIHUAZHOU LITERATURE AND ART PRESS

致同学们

亲爱的同学们：

欢迎你使用本书。希望它能成为你生物学习的好伙伴。

我们生活的家园——地球的历史已经有46亿年了，但我们人类的历史只有一小段，那么在我们人类出现之前的那段时期地球上有些什么动物呢？这些动物现在还存在吗？这些动物现在我们还能看到吗？为什么呢？大家想一下。那么，生物除了动物之外还有其他的吗？像我们漂亮的校园里面都种满了各种各样的植物，为什么有的植物能长成几十米高，有的却长在地上当地毯来观赏呢？除了动物、植物，还有一些我们看不见的生物在我们身边。

生命是多姿多彩的，在我们生活的地球上几乎每个角落都有生物的存在。在水里游的鱼儿，在土壤里、大地上生活的动物，在天空中飞翔的小鸟……是它们把我们的地球装扮得多姿多彩，所以我们要共同保护地球上的生物，因为我们都是一家人。

这本书主要分为八章，前三章分别介绍了昆虫、两栖动物和鸟类的基本情况，第四章则介绍了动物的各种各样的行为，后面四章则主要介绍了植物的知识：什么是植物，植物的分类、构造、特性、生长地，以及有趣的植物、有用的植物、奇特的植物。本书用简明浅显的语言，通过文图结合的形式，向同学们展示丰富多彩的动、植物世界，讲述妙趣横生的科学原理，介绍与植物相关的鲜为人知的趣闻，使内容更加丰富精彩。

来吧，同学们！让我们去发现大自然的美吧！

你们的同学：牛牛

目录

mulu

第一章 奇妙的昆虫故事从这里开始……

你观察过昆虫吗？就在某一处普通的草地上，这些小生命或徐徐蠕动，或慢慢爬行，或扑啦扑啦地飞行。即使你看不到它们，它们也是执著地存在于地球上的，无论夏天还是冬天。昆虫几乎遍布整个地球：无论在城里还是在乡村，无论在洞穴里还是在高山上，无论在沙漠中还是在南极洲的冰层里，它们无处不在。淡水里、土地里、房子里，甚至其他动物的身体里——到处都有昆虫的身影！

牛牛大讲堂

怎样识别昆虫？

谈到昆虫，也许我们已经很熟悉了。彩色纷飞的蝴蝶，访花酿蜜的蜜蜂，吐丝结茧的蚕宝宝，引吭高歌的知了，争强好斗的蛐蛐，星光闪烁的萤火虫，身手矫健、形似飞机的蜻蜓，憨厚可爱的小瓢虫，举着一对大刀、怒目

圆睁的螳螂，令人讨厌的苍蝇、蚊子、蟑螂等等。那么，昆虫还有哪些呢？吐丝的蜘蛛、蜇人的蝎子是不是昆虫？马陆、蜈蚣呢？对这些问题，你不一定能完全答出，让我们一起来看看到底什么样的虫才算做昆虫？

昆虫和其他生物一样，有着自己特殊的分类位置，它在动物界中属于节肢动物门中的昆虫纲。其主要特征如下（仿彩万志图）：

1. 身体的环节分别集合组成头、胸、腹三个体段。

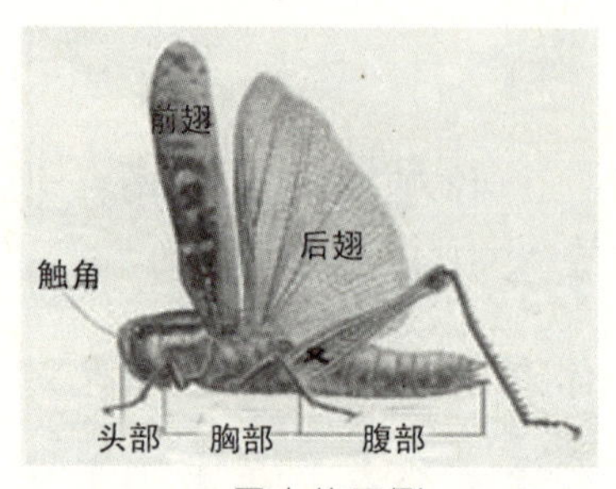

昆虫的示例

2. 头部是感觉和取食中心，具有口器（嘴）和1对触角，通常还有复眼及单眼。

3. 胸部是运动中心，具有3对足，一般还有2对翅。

4. 腹部是生殖与代谢中心，其中包含着生殖器和大部分内脏。

5. 昆虫在生长发育过程中要经过一系列内部及外部形态上的变化，才能转变为成虫。这种体态上的改变称为变态。

因此，昆虫的基本特征可以概括为：体躯三段头、胸、腹，2对翅膀6只足；1对触角头上生，骨骼包在体外部；一生形态多变化，遍布全球旺家族。

有了昆虫的概念，对前面的问题你现在已经知道了答

案：蜘蛛、蝎子的身体分为头胸部和腹部两段，还长着8条腿，所以不是昆虫；蜈蚣、马陆的腿就更多了，几乎每一环节（体节）上都有1～2对足，当然就更不是昆虫了。

昆虫生活在哪些地方？

昆虫种类这么多，因此，它们的生活方式与生活场所必然是多种多样的，而且有些昆虫的生活方式和生活本能的表现很有研究价值。可以说，从天涯到海角，从高山到深渊，从赤道到两极，从海洋、河流到沙漠，从草地到森林，从野外到室内，从天空到土壤，到处都有昆虫的身影。不过，要按主要虫态的最适宜的活动场所来区分，大致可分为五类。

1. 在空中生活的昆虫：这些昆虫大多是白天活动，成虫期具有发达的翅膀，通常有发达的口器，成虫寿命比较长。如蜜蜂、马蜂、蜻蜓、苍蝇、蚊子、牛虻、蝴蝶等。昆虫在空中活动阶段主要是进行迁移扩散，寻捕食物，婚飞求偶和选择产卵场所。

2. 在地表生活的昆虫：这类昆虫无翅，或有翅但已不善飞翔，或只能爬行和跳跃。有些善飞的昆虫，其幼虫期和蛹期也都是在地面生活。一些寄生性昆虫和专以腐败动植物为食的昆虫（包括与人类共同在室内生活的昆虫），也大部分在地表活动。在地表活动的昆虫占所有昆虫种类的绝大多数，因为地面是昆虫食物的所在地和栖息处。这

类昆虫常见的有步行虫（放屁虫）、蟑螂等。

3. 在土壤中生活的昆虫：这些昆虫都以植物的根和土壤中的腐殖质为食料。由于它们在土壤中的活动和对植物根的啃食而成为农业、果树和苗木的一大害。这些昆虫最害怕光线，大多数种类的活动与迁移能力都比较差，白天很少钻到地面活动，晚上和阴雨天是它们最适宜的活动时间。这类昆虫常见的有蝼蛄、地老虎（夜蛾的幼虫）、蝉的幼虫等。

4. 在水中生活的昆虫：有的昆虫终生生活在水中，如半翅目的负子蝽、田鳖、龟蝽、划蝽等，鞘翅目的龙虱、水龟虫等。有些昆虫只是幼虫（特称它们为稚虫）生活在水中，如蜻蜓、石蛾、蜉蝣等。

5. 寄生性昆虫：这类昆虫的体型比较小，活动能力比较差，大部分种类的幼虫都没有足或足已不再能行走，眼睛的视力也减弱了。有些寄生性昆虫终生寄生在哺乳动物的体表，依靠吸血为生，如跳蚤、虱子等。有的则寄生在动物体内，如马胃蝇。另一些昆虫寄生在其他昆虫体内，对人类有益，可利用它们来防治害虫，称为生物防治。这些昆虫主要有小蜂、姬蜂、茧蜂、寄蝇等。

昆虫为什么这样多？

在我们的日常生活中，无时不在直接或间接与昆虫发生着关系。特别是在春暖花开以后，严冬降临之前的这段时间里，昆虫数量之多，可以说举目皆是。我们除了饱受蚊虫叮咬与苍蝇骚扰之苦外，稍不小心便会有虫飞进眼里，或被蜂类蜇痛，或被毒虫咬伤；即使是储藏起来的食品和衣物也常遭害虫的蛀食。另一些昆虫则令我们赏心悦目，例如蝴蝶被人们比喻为会飞的花朵，蝉被誉为大自然中的歌星，蟋蟀被称为忠勇大将军，还有酿蜜的蜜蜂、吐丝的蚕儿、发光的萤火虫、空中巡逻的蜻蜓等等。我们已经知道，目前已定名的昆虫约有100万种，每年还在以发现1000多个新种的速度在增长。世界上究竟有多少种昆虫还是个未知数，估计在300～1000万种。

那么，昆虫为什么这样多呢？这可以从几个角度来进行分析。

1. 昆虫是无脊椎动物中唯一有翅的动物。飞行使昆虫在觅食、求偶、避敌和扩大分布范围等方面都比陆地动物要技高一筹。

2. 昆虫一般身体都比较小。

（1）体型小只需要很少量的食物就能完成生长发育。例如，一张白菜叶能供上千只蚜虫生活，一粒米可供几只米象生存。

（2）体型小便于隐蔽。在一片叶子反面便能躲藏成百上千的蚜虫、粉虱、蚧壳虫等微小昆虫；在一块砖下便可容纳一个数万只蚂蚁的家族；在一个树洞里，可同时有数十种昆虫、数百个个体共同生活。体小还可使食物成为它的隐蔽场所，从而获得保湿和避敌的好处。

（3）体型小对昆虫的迁移扩散十分有利。有翅昆虫可借助气流和风力向远处迁移。即使是无翅的种类，也可因其体小而借助鸟、兽和人类的往来，被带到别的地方去。这样就大大地扩大了它们的生活范围，并且增加了选择适合于生存环境的机会。

3. 食源广。昆虫口器类型的分化，特别是从吃固体食物变为吃液体食物，大大扩大了食物范围，并且改善了同寄主的关系——在一般情况下，寄主不会因失去部分汁液而死亡，反过来再影响昆虫的生存。昆虫的食料来源之广，可以说遍地都是，到处都有。从室内到室外，从禽舍到畜棚，从平原到山川，从菜地到果园，从农田到森林，从植物的根到茎，从枝叶到花果，从活的动物到死尸以及各种腐殖质，没有一样不是昆虫的食料。不过，不同种类的昆虫都有各自的选择罢了，正可谓："萝卜白菜，各有所爱。"昆虫不但食料来源广，有些种类的食性也很杂，特别是植食性昆虫更为显著。有一种舞毒蛾能吃485种植物的叶子，日本金龟子能吃250种植物。世界上玉米有200多种害虫，松树有170种害虫，榆树有650多种害虫，柳树有450多种害虫。

4. 昆虫有惊人的繁殖能力。

（1）昆虫的生殖能力极强。一般昆虫一生能产数百粒卵，例如地老虎平均产800多粒。蜜蜂的蜂王每天能产

2000～3000粒卵。白蚁的蚁后一生可产几百万个卵，平均每秒产60粒。一对苍蝇从4月到8月这五个月中，它们的后代如果都不死，可以有一万九千亿亿只。由此可见，昆虫的生殖能力是任何其他动物无法相比的。

（2）生殖方式多样。昆虫的生殖方式有两性生殖、孤雌生殖、多胚生殖、胎生和幼体生殖。

（3）昆虫体小发育快，即在单位时间内可完成较多的世代，例如有些昆虫在南方一年可发生10代左右。

这些条件联系起来，成为昆虫具有极高繁殖率的重要条件。因而在环境多变、天敌众多的自然情况下，即使自然死亡率达90%以上，也能保持它一定数量的种群水平。

5. 多变的自卫能力与较强的适应能力。昆虫在地球上的历史至少已经有三亿五千万年了。它们在长期适应环境的演变中，有着多种多样保护自己安全，不受天敌伤害的自卫本领。昆虫还具有较强的适应能力。一些种类可以忍受−50℃的严寒，而另一些种类则可以栖息在49℃高温的沙漠或温泉中。某些蝇类可以生活在纯盐和纯油中，另一些昆虫甚至在长期缺水状态下也能活动自如。

6. 完全变态与发育阶段性。绝大多数昆虫属于完全变态类，即幼虫和成虫在形态、食性和行为等方面明显分化，这种分化借助一个静止的蛹期来实现。这样，既扩大了同种昆虫的食料来源，满足了昆虫的营养需求，也是对外界环境的高度适应。

昆虫就是凭着它们自身超群的适应性和顽强的求生本领，经过漫长的历史长河，不断发展壮大起来，成为最鼎盛的家族“占领”着地球。曾有位作家写道：“昆虫比人类较早出现，它们的顽强性或许会使昆虫比人类活得更远，这里有许多奥秘需要人类去揭示。”

察颜观色的“万花筒”

为什么叫察颜观色的“万花筒”呢？因为如果把有些昆虫的眼睛纵向剖开后，在放大镜或显微镜下观察，多棱的小眼聚集在一起，很像一只奇妙的万花筒。昆虫的眼睛与人类相同吗？它们能分辨不同的颜色吗？下面我们就谈谈这些问题。

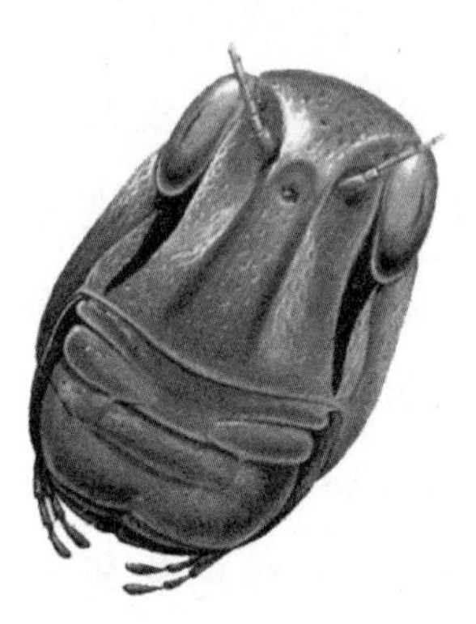

蝗虫的头部

苍蝇的头部

首先我们肯定地说，昆虫的眼睛与人类的不同。昆虫的眼睛包括单眼与复眼，单眼又有背单眼与侧单眼之分。除了寄生性昆虫因为长期过着寄生生活，眼睛已经退化，或虽有眼睛但已不起视觉作用外，一般昆虫的成虫和不全变态类的若虫都有一对复眼，头顶上还有1～3个背单眼。完全变态类的幼虫则在头部的两侧具有1～7个侧单眼。昆虫通过单眼与复眼对外界光的变化做出反应，进行觅食、求偶、定向、休眠、滞育等活动。

复眼是昆虫的主要视觉器官，通常在昆虫的头部占有突出的位置。多数昆虫的复眼呈圆形、卵圆形或肾形，有些昆虫的复眼在每侧又分为上、下两个，成为“四眼”昆虫，例如眼天牛、豉甲和蜉蝣的一些种类。特别是生活在水中的豉甲，由于它的复眼分为上、下两部分，因而在猎食时既能发现水面的目标，又能发现水中的目标。在突眼蝇中，复眼则生在头部两侧的柄状突上。

复眼是由许多六角形的小眼组成的，每个小眼与单眼的基本构造相同。复眼的体积越大，小眼的数量就越多，看东西的视力也就越强。复眼中的小眼的数目变化很大，从最少的只有一个小眼，到最多的有数万个小眼。例如：有一种蚂蚁的工蚁只有一个小眼，蝴蝶有1.2～1.7万个小眼，蜻蜓则有1～28万个小眼，家蝇有4千个小眼。

小眼的构造很精巧，它有一个如凸透镜一样的集光装置，叫角膜镜，就是小眼表面的六角形凸镜，下面连着圆锥形的晶体，在这些集光器下面连接着视觉神经。神经感受集光器传入的光点而感觉到光的刺激，而后造成“点的影像”，许多小眼的点的影像相互作用就组成“镶嵌的影

像”。

昆虫的复眼虽然由许多小眼组成，但它们的视力远不如人类的好，蜻蜓可以看到1～2米，苍蝇只能看到40～70毫米。可是，昆虫对于移动物体的反应却十分敏感，当一个物体突然出现时，蜜蜂只要0.01秒就能做出反应。捕食性昆虫对移动物体反应能力更加迅速敏捷。

昆虫与人类一样，可以分辨不同的颜色，但与人类感受的波长不同。昆虫能感受到的波长范围为240（紫外光）～700（黄、橙色）纳米。蜜蜂不能区分橙红色与绿色，荨麻蛱蝶看不见绿色和黄绿色。一般昆虫不能感受红色。

生物天堂

给昆虫进行“人口普查”

最近的研究表明，全世界的昆虫可能有1000万种，约占地球所有生物物种的一半。但目前有名有姓的昆虫种类仅100万种，占动物界已知种类的2/3～3/4。由此可见，世界上的昆虫还有90%的种类我们不认识；按最保守的估计，世界上至少有300万种昆虫，那也还有200万种昆虫有待我们去发现、描述和命名。现在世界上每年大约发表1000个昆虫新种，它们被收录在《动物学记录》中。

在已定名的昆虫中，鞘翅目（甲虫）就有35万种之多，其中象甲科最大，包括6万多种，是哺乳动物的10倍；

鳞翅目（蝶与蛾）次之，有约20万种；膜翅目（蜂、蚁）和双翅目（蚊、蝇）都在15万种左右。

昆虫不仅种类多，而且同一种昆虫的个体数量也很多，有的个体数量大得惊人。一个蚂蚁群可多达50万个个体。一棵树可拥有10万的蚜虫个体。在森林里，每平方米可有10万头弹尾目昆虫。蝗虫大发生时，个体数可达7～12亿只多，总重量约1250～3000吨，群飞覆盖面积可达500～1200公顷，可以说是遮天盖日。

小知识链接

生物的命名与模式标本：科学家们给每个他们研究过而又没有记载过的生物都取一个拉丁学名，包括属名和种名两个拉丁字，称为双名法，1758年由瑞典科学家林耐首创。定名所依据的标本称为模式标本，其中指定一个为正模，其余为副模。

等级森严的社会生活

绝大多数的昆虫是单独生活（独居）的。但在昆虫中，也有一些是真正过着社会生活（或称社会性生活、群居生活）的。最著名的要算蜜蜂、白蚁和蚂蚁了。社会生活的标准应当是：它们共同生活在一个大家庭中，过着集体生活，大家庭的成员有不同的品级（型）和明确的分工，各司其职，有条不紊地维护群体生活，繁衍后代。

为什么社会性昆虫分工如此明确呢？有些人认为这是它们的本能，但现在更多的人则认为是由于它们各阶层成员之间存在着“食物互惠”的关系。以蜜蜂为例，蜂王在产卵前，工蜂把蜂房打扫得干干净净；蜂王在产卵时总有很多工蜂照料它；蜂王休息时，工蜂轮流喂养它；当蜂王在巢中行走时，巢内其他蜂都给它让路，如此等等。可能有人会提出这样的问题：为什么几万只工蜂对蜂王如此尊重、顺从，并为它效劳呢？经科学家研究发现，蜂王本身能从口器中的上颚腺分泌出一种特殊物质，这种物质遍布到蜂王全身，工蜂喜欢这种物质，并经常在蜂王身体上舔食。这种物质可以阻止工蜂卵巢发育，同时还具有指挥工蜂行为的功能，使蜂群内形成不同阶层。这种物质就是“女王物质”，实际是一种激素，也称为行为调节激素。白蚁和蚂蚁的蚁后也能分泌这种物质。

蜜蜂

蜜蜂属膜翅目、蜜蜂科。体长8～20毫米，黄褐色或黑褐色，生有密毛；头与胸几乎同样宽；触角膝状，复眼椭圆形，有毛，口器嚼吸式，后足为携粉足；两对膜质翅，前翅大，后翅小，前后翅以翅钩列连锁；腹部近椭圆形，体毛较胸部较少，腹末有螯针。蜜蜂属完全变态，一生要经过卵、幼虫、蛹和成虫四个虫态。

在蜜蜂社会里，它们仍然过着一种母系氏族生活。在它们这个群体大家族的成员中，有一个蜂王（蜂后），它是具有生殖能力的雌蜂，负责产卵繁殖后代，同时“统治”这个大家族。蜂王虽然经过交配，但不是所产的卵都受了精。它可以根据群体大家族的需要，产下受精卵将来发育成雌蜂（没有生殖能力的工蜂）；也可以产下未受精卵，将来发育成雄蜂。当这个群体大家族成员繁衍太多而造成拥挤时，就要分群。分群的过程是这样的：由工蜂制造特殊的蜂房——王台，蜂王在王台内产下受精卵；小幼虫孵出后，工蜂给以特殊待遇，用它们体内制造的高营养的蜂王浆饲喂，待这个小幼虫发育为成虫时，就成了具有生殖能力的新蜂王。新蜂王即率领一部分工蜂飞走另成立新群。中华蜜蜂和意大利蜜蜂都是普遍饲养的益虫。在饲养过程中，新蜂王出世后就要人工替它分群，否则会有一个蜂王带领一批工蜂离开蜂巢飞走而损失蜂群。养蜂者用人为办法生产蜂王浆，实际上就是人工制作一些王台，放入蜂箱内，供蜂王产卵，待小幼虫孵出，工蜂们用蜂王浆饲喂时，养蜂人即将蜂王浆取出。实际上养蜂人使用的是骗术，可见就连聪明的小蜜蜂也有受骗的时候。

雄蜂数目很多，在一个群体内可能有近千只。雄蜂的唯一职责是与蜂王交配，交配时蜂王从巢中飞出，全群中的雄蜂随后追逐，此举称为婚飞。蜂王的婚飞择偶是通过飞行比赛进行的，只有获胜的那个才能成为配偶。交配后雄蜂的生殖器脱落在蜂王的生殖器中，此时这只雄蜂也就完成了它一生的使命而死亡。那些没能与蜂王交配的雄蜂回巢后，只知吃喝，不会采蜜，成了蜂群中多余的懒汉。日子久了，众工蜂就会将它们驱逐出境。养蜂人也不愿意在蜂群内保留过多的雄蜂而消耗蜂蜜，因而对它们进行人工淘汰。由此看来，工蜂在这个群体中数量最多。养蜂者对一个蜂群中保持的工蜂多少，因不同季节而异，一般为2万～5万只工蜂。工蜂是最勤劳的，儿歌唱的“小蜜蜂，整天忙，采花蜜，酿蜜糖”，仅是指工蜂。除采粉、酿蜜外，筑巢、饲喂幼虫、清洁环境、保卫蜂群等，也都是工蜂的任务。

小小科学家

到哪里去收集昆虫？

昆虫在地球上无处不在，所以到处都可以采集到昆虫；但各类昆虫都有自己喜好的环境。

在厨房里可以采到许多偷吃食物的蜚蠊（蟑螂），书房里住着银灰色把书咬得千疮百孔的衣鱼，衣柜里有衣蛾，毛衣保存不好会被它蛀坏。谷蛾、米象、麦蛾等专门糟蹋粮食。田野里的昆虫更多了。稻田里有螟虫、叶蝉、飞虱，棉田里有棉铃虫，菜园里有菜青虫，柑桔上有风蝶幼虫。树木上可以找到天牛、介壳虫、蚜虫。森林中的昆虫就更多了，松毛虫、尺蛾、天蛾、螳螂、竹节虫、马蜂，不胜枚举。植物开花时，蜜蜂、蝴蝶在花上来回飞舞；土壤中有蝼蛄、蚂蚁、金龟子；在池塘边有蜻蜓、蜉蝣、龙虱；沼泽地的芦苇甚至荒芜地都有隐藏着的昆虫。还有许许多多尚未被人知晓的昆虫正等待着你去发现、认识。当你在收集昆虫的过程中，渐渐地就会认识它们。它们是什么样子？生活在什么环境？对人类有些什么关系，可以用这些知识为农业的生产和人类的健康服务。我们既可广泛采集，也可有目的地专门收集，到各类昆虫特定的生活环境中去寻找。所以采集昆虫，不仅能使你产生对昆虫的浓厚兴趣，同时还增长了知识，学到了本领。

怎样采集昆虫？

对善于飞翔的蝴蝶、蜻蜓、跳跃的蝗虫等等一般用网捕。生活在大片的草丛和茂密小灌木中的虫，肉眼不易看见，则可以用网扫，用捕虫网一边左右扫网一边前进。还可以利用昆虫的假死习性，用白布或捕虫伞等接在树下，然后振动树枝，使虫因受振动而假死掉下，掉下的小虫可用

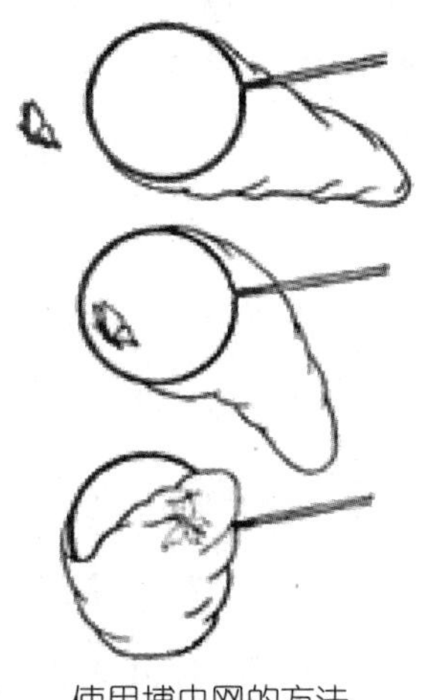

使用捕虫网的方法

吸虫筒吸取。有许多昆虫有趋光的习性，在无风又没有月光的夜晚，选择一个植物茂盛并有流水的地方挂灯，灯后张开一块白布，就可诱来非常多的昆虫停在布上或地下，这时即可用指管一一套捕，然后用毒瓶将其毒死。对于蛾类，为了避免翅膀扇动而损坏翅膀和鳞片，通常用乙醚等麻醉剂先将蛾子迷晕，然后再将其毒死。有些蛾和甲虫喜欢吃蜂蜜，可配制糖液放在田间诱虫。有些雌蛾的腺体分泌出一种气味，使距离遥远的雄虫“闻香而至”集聚在雌虫旁边，这样可以不费吹灰之力就捕到大量雄蛾。

对初学昆虫的人来说，采集要全面，不能只凭兴趣和爱好。要克服专采大虫不采小虫、专采美丽的不采难看的、只采特别的不采一般的、一种昆虫只采一个不采第二个、有雄的不要雌的、有了成虫不要幼虫、只采飞的不采隐藏的等等毛病。只有全面采集才能知道昆虫的种类、数量和分布情况；只有全面采集才能进行比较鉴定；只有全面采集才能采到珍贵的标本。

采到的昆虫除需继续饲养以外，一般要立即杀死它们。虫死得越快标本越完整。毒瓶是杀死昆虫最好的武器。毒瓶制作也很简单，瓶下部放入一些氰化钾，然后盖上一层木屑（锯木），用木棍把木屑压紧，在上面放一层石膏糊即成。昆虫放入毒瓶立即死去，可免于碰撞造成损伤。但这种毒气对人畜亦有害，用时要小心，要注意勿使毒气跑出来，手边没有毒瓶时，可用氯仿（三氯甲

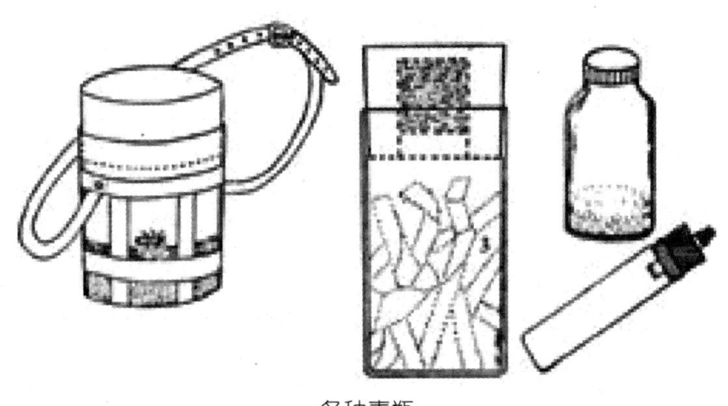
各种毒瓶

烷）等麻醉剂来代替。大型昆虫可直接用注射器注入40%苯酚或95%酒精杀死。

昆虫幼虫、卵和蛹可放入70%酒精中杀死并保存。

成虫一般是一天之内就要做成标本，因为几天后昆虫变得干硬而不易制作。但采集昆虫往往在野外进行，不能随采随制标本，因此可把毒死的标本放在纸三角袋或棉花包内暂时保存。

昆虫标本制作法

针刺法：有些昆虫如天牛、米象、瓢虫等，成虫不能展翅，或者体形较大，可以用昆虫针，直接插在适当的位置，这样可不妨碍对其形态特征的观察，插针时可以将昆虫放在三极板（刺虫台）上，也可以利用泡沫塑料板来进行。针插的位置，因昆虫种类不同而异。针插完毕后，把标本放在软木或高粱秆上，进行整型工作，然后放入烘箱。烘箱的温度保持在35℃左右，经过一段时间虫体硬化后可以将针拔出。也可置于通风处阴干，待虫体内脏等全部干燥，即可将标本取出保存。

展翅法：鳞翅目的昆虫蝶和蛾类或膜翅目昆虫，如蜜蜂、蚂蚁等，可用展翅法。作法是在其身体未干之前呈柔软状态时，选择合适的展翅板，用镊子夹取昆虫，放到展翅板上，并选用适当的昆虫用针或大头针，从昆虫中胸或后胸的正中垂直插入。针端插在展翅板槽内的软木（或高粱秆心）上，使虫体与槽面相齐，翅脉的肩角恰在槽面上，然后用昆虫针把昆虫的前后翅在槽面上平展开来，前翅向前展开，后翅压在前翅内缘的下面，作飞翔姿态。这样连续做几只昆虫后，用较长的光滑透明软纸条压在翅上，钉上大头针，使双翅固定下来，放在没有太阳直接照射的地方，以免虫体翅的颜色产生变化。等虫体干燥后，即可取下来放在标本盒内长久保存。如果虫体较大，内脏不易晒干，可用小剪刀剪开虫体的腹部，用镊子除去内脏，再用同腹部大小相仿的蘸有樟脑粉的棉花球塞在腹中，再晒干或烘干即可。为了防止腹部下垂，在槽内可放一些棉絮托住腹部。

胶粘法：小型昆虫如蚜虫、金小蜂以及蛛形目动物的棉红蜘蛛等，不能用昆虫针穿过躯体，可用树胶（一般用101熊猫牌树脂胶，即万能胶）来粘虫体。事先在等腰三角形白纸板尖端内侧滴上树胶一滴，然后用镊子把闷死的昆虫放在树胶上。如有翅的昆虫还要用昆虫针把虫体的翅膀展开。

干制标本的保存法

昆虫用针刺好后，可以保存在昆虫标本盒内。昆虫标本盒的大小可以按需要制作，一般有木质和纸质两种。纸盒一般是用硬纸板制成的，盒盖的四周为纸板，表面装一块玻璃，盒内铺一层软木板。规格是：29×19×3（cm），小盒14.5×9×3（cm）。装盒时，先在盒内角上放一些樟脑丸，在往盒内插标本之前，必须将每个昆虫标本的标签插好。然后把制好的标本按照分类次序插好，再将标本盒盖上。干制标本要放置于防尘防潮和比较密封的木箱或盒子中，并放入驱虫剂和干燥剂，在挪动时要防止剧烈震动，以免发生破损。

牛牛趣味集

萤火虫的一生

萤火虫喜欢生活在潮湿、多水、杂草丛生的地方，特别是溪水、河流两岸，我国曾有一句古语叫“腐草生萤”，反映的就是这种习性。成虫不取食，只吸一点露水。雌虫比雄虫羽化要晚1周多时间，然后它闪着萤光，寻找配偶。当雄虫发现闪光后即飞来交尾。交尾后的雌虫通

萤火虫

常把卵产在紧靠水面而又蔽阳的灌木、杂草或岩石上。一头雌虫一生可产上千粒卵，但奇怪的是它把这些卵分别产在5-6个不同的地方，这也许是为了更有效地保存后代吧。卵略呈圆形，直径大约0.5毫米左右，常300-400粒为一块。刚产下的卵壳柔软，需经1周左右才能变硬，大约2周以后，从卵壳外可以看到幼虫的发育情况，3周后卵开始孵化。卵期平均都在1个月左右。卵的颜色变化由乳黄到白色，再到乳白色，孵化前变为暗黑色。

幼虫孵化一般都在午夜进行，它用上颚把卵咬破，然后破卵而出，孵化过程为半小时左右。刚孵化的幼虫约1.5毫米-2毫米，孵化出壳后，幼虫马上就钻入水底。在水底，它们白天潜入石下或泥沙中，夜间出来觅食，主要取食水中有甲壳的软体动物，特别是蜗牛。幼虫一般6-7龄，老熟幼虫体长可达20多毫米。幼虫期较长，通常一年左右，有的甚至超过两年。老熟幼虫待到化蛹时即从水底爬上岸，它通常都选择阴雨天进行。当选择到合适的地方后，用泥沙做成茧室，在其中化蛹，蛹期10-15天。成虫羽化后，先不动，在茧室内停留2-3天，有的种类时间更长。这期间，体色增加，身体变硬，最后出茧室，来到水边的杂草中或灌丛间。成虫喜欢在晴天、高温、无风的夜晚活动，白天则躲在阴暗遮阳的地方休息。夜晚活动有3次高峰，分别在21点、24点和凌晨3点左右。成虫交配、产卵后，即完成了其历史使命，平静地结束其一生。

想办法过冬

秋末冬初，地净场光，树叶凋落，为害庄稼和在地面活动的虫子不见了，是被寒冷的气候冻死了吧？不是，但事情并不那么简单。事实上每当寒冬来临，大多数昆虫便纷纷进入过冬期，不再活动了。

昆虫能不能安全过冬，场所的选择起着一定的作用。选择得好就能安全过冬，选择不好，不是被冻死，就是被天敌寄生或鸟兽吃掉。因此，了解昆虫的越冬场所、越冬方式和习性，便于保护越冬益虫，防治越冬害虫。

选择过冬场所的首要条件是保暖，尽量避开露天状况，经常是隐藏在遮盖物下。这些地方的温度要比露天场所高，变化也比较缓慢。潜入表土以下过冬的昆虫，利用土壤温度保暖。树皮下面和建筑物的缝隙，也有保暖的作用。有的昆虫就将卵产在植物皮下和茎秆中，利用植物组织中的温度过冬。

第二个条件是有适当的湿度，这样就能防止因冬季干旱而造成的大量死亡。过冬的昆虫苏醒以前，必要的湿度是昆虫体内有机质顺利解脱过冬状态的必需条件。因为湿度是恢复虫体水分平衡所必需的。干燥的环境不但不利于昆虫过冬，更为严重的是影响着过冬后幼虫的化蛹、成虫的羽化和卵的孵化。

第三个条件是避开天敌的损伤。昆虫进入过冬时的滞育状态后，便没有抵抗天敌侵袭的能力。因此，在选择过冬场所的时候要尽量找到能隐蔽的地方，或在身体外面结上丝网，或做个茧壳，或钻到与体色相同的树皮缝里，或利用自身保护色的变化。这些现象都是昆虫适应环境的自卫本能。

第四个条件是将来的食料。不管哪种昆虫，只要能度过冬天继续生活，那就要考虑到食料。因此，昆虫要选择的过冬场所都不会距离寄主太远，或者就在原来的寄主上。当然，部分过冬的有翅成虫在这方面可能表现得不太显著。

春天怎样“醒”来

昆虫“睡”了一冬，到了春天怎样醒来，什么时候才醒呢？大家可能会认为天气暖和了昆虫自然会苏醒，好像温度是最主要的条件，实际并不那样简单。

1. 喝足水分方醒来。

昆虫在春季苏醒前，最主要的是先喝足水，因为昆虫在过冬前为了降低冰点，免遭冻死，会排出大部分的水分，过冬期间又消耗了一些水分；身体内失水太多，就妨碍了正常的生理活动，即便是天气暖和了也不能恢复活动。它们就借身体的表皮、呼吸系统和消化系统等各个能吸收水分的器官，尽量吸收水分，等到身体活动所需要的水分足够了才开始活动。如果春季太干燥，吸不到足够的水分，就会造成大量死亡。有人做过这样的调查，玉米钻心虫的越冬死亡率一般都在50～60%左右，其中有一半多是因春季失水过多死掉的。

2. 食物刺激醒过来。

昆虫的越冬和苏醒时间，因种类不同而大相径庭。一般来说，一年中发生的世代少而食物又单纯的种类，过冬较早；世代多或食性复杂的，过冬较晚。苏醒的时间，除了同它们的生活习性有关外，主要与所需食物的生长季节有着密切的关系。以卵过冬的蚜虫，只要所需寄主开始发芽，它们就冲破卵壳，挺了出来吮吸嫩芽的汁液。所以，寄主的萌芽时间就成了蚜虫孵化的信号。

各种有趣的自我防卫

有些昆虫受到惊扰或遇到天敌伤害时，就放出气体或臭味使天敌避开，或者用毒针螫刺天敌。下面就举几个例子。

1.放屁虫——步甲。

步甲（步行虫）在紧急情况下从肛门连续发射炮弹——多种化学物质：过氧化氢、醌、酶等反应产生的高温液态毒液，把强大的敌人轰得屁滚尿流。也许爱玩虫的人们都领教过它的厉害，因而给它起了个绰号，叫放屁虫。

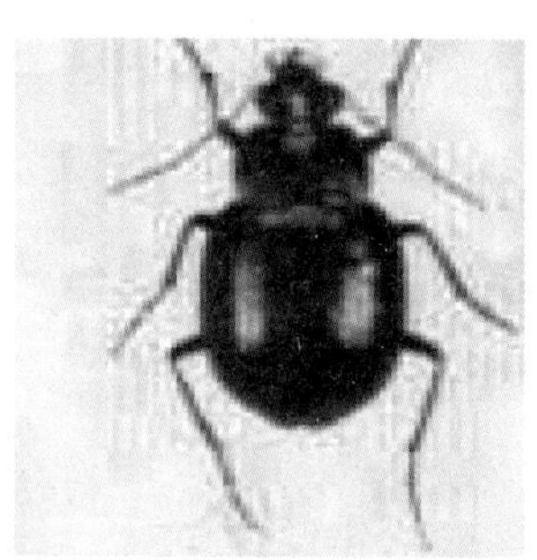
步甲

2. 马蜂。

俗话说：“捅了马蜂窝，定要挨蜂蜇。”马蜂蜇人，名不虚传。即使是一些不知名的马蜂，自卫的本能和警惕性也很高，只要侵犯了它们的生存利益，担任警戒任务的马蜂，会立即向你袭来。一旦被一只马蜂蜇了，就会很快遭到成群马蜂的围攻。这是因为马蜂蜇人时，蜇针与报警信息素会同时留在人的皮肤里。人被蜇后的最初反应是捕打，信息素的气味便借助打蜂时的挥舞动作扩散到空气中，其他马蜂闻到这种气味后，即刻处于激怒的骚动状态，并能迅速而有效地组织攻击。通过对马蜂释放的报警信息素的提取化验，已知道其主要成分属于醋酸戊脂，有香蕉油气味。因此，一旦被马蜂蜇后，可用5%的氨水或含碱性物质擦洗，有止痛消肿的作用，这是酸碱中和的结果。

马蜂

3. 臭名昭著——蝽象。

无论在户外，还是自家阳台上，偶尔会见到有蝽象飞

蝽象

来落下，如果你用手抓住它或触碰它，你的手上就会沾上满手的臭气，经久不散，所以蝽象常常遭到人们的厌恶或嫌弃。蝽象因其大多数有臭腺能释放臭气，而被称为“臭蝽”和“臭大姐”，据此，也就“臭”名远扬了。

蝽象有一个特殊的本领。当其安全受到威胁时，便会迅速做出反应，在极短时间内，从尾部喷射出一股股青烟，随着“噼啪”之声，散发出难闻的阵阵臭气，令敌害闻风而退，而自己则从容逃命。这是怎么回事呢？原来它是用自身化学武器进行防身自卫。它的化学武器来自其发达的臭腺，在幼虫期，臭腺的开口位于腹部背板间，到了成虫期，则位于后胸前侧片上。这种臭气的主要成分是对苯二酚和过氧化氢，当这些成分在虫体腔室内经过氧化酶的氧化后，生成苯二酮气体排出体外。这是一个极短的过程，在紧急情况下，像开炮似的连续发射，不仅打退敌物，保护自身安全，而且还是“集合”或“分散”的信号。蝽象的这种“臭器”防卫功能，在昆虫中堪称高手。

4. 痒辣子的厉害。

刺蛾科的幼虫椭圆形，或称蛞蝓形，其身体上有枝刺和毒毛，触及皮肤即发生红肿，痛辣异常，俗称“痒辣子”、“火辣子”或“刺毛虫”，中文名故称刺蛾。

黄刺蛾

5. 避重就轻——大蚊。

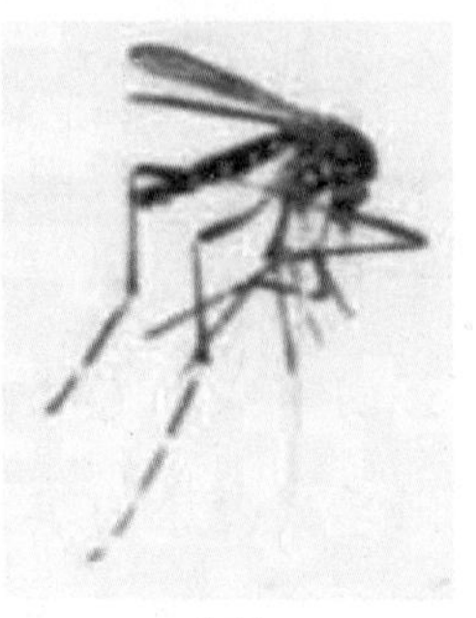

大蚊

大蚊为了逃避敌人的危害，可断其肢体而救得性命。大蚊的腿又细又长，非常醒目，抓住或碰到后很容易脱落，而虫体本身并不会受到伤害，却可借机逃走。

6. 蝴蝶的“假头”。

蝴蝶的大多数眼斑被认为是起防御作用的“目标区”，能吸引鸟一类的捕食者去捕捉，既使损坏了，仍不会危及蝴蝶的生命，有些还能正常活动。在灰蝶科的许多种类中，眼斑与结构特征相结合而在后翅内角处形成一个

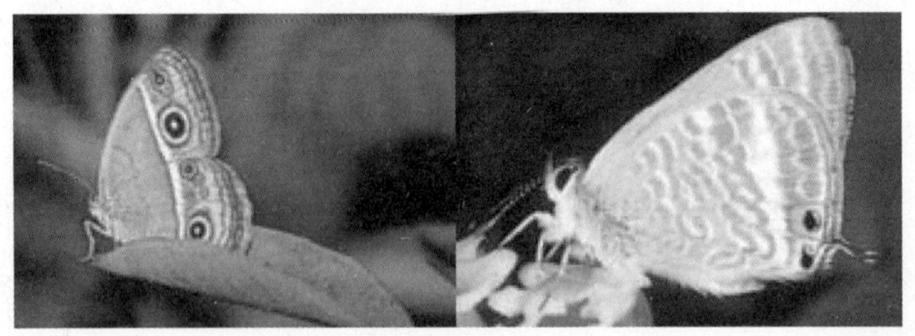

蝴蝶的“假头”

“假头”。翅的这一部分常延伸出小尾突。这些蝴蝶在栖息时翅合拢并摩擦引起尾突振动，好像头部的触角在活动。

昆虫的构造

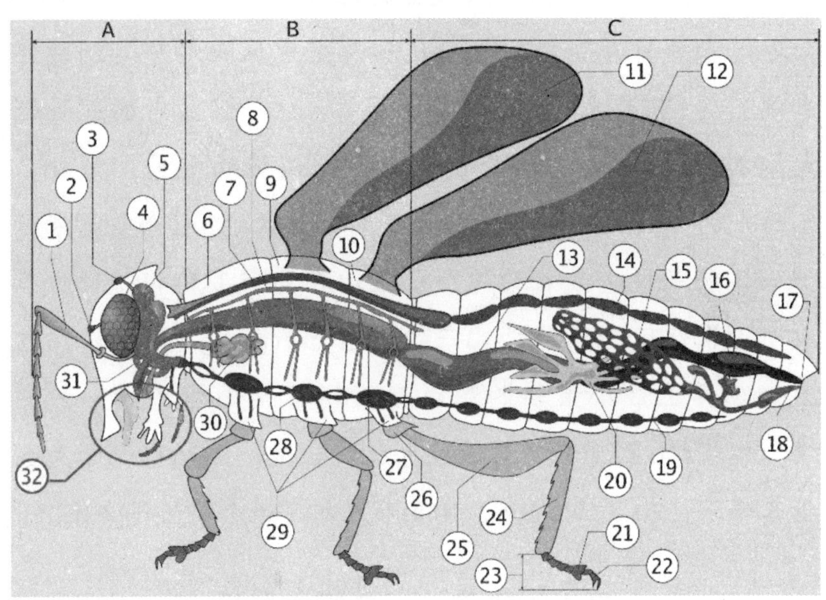

昆虫解剖图（引自维基百科）

A- 头部　B- 胸部　C- 腹部

1. 触角 2. 单眼（前）3. 单眼（上）4. 复眼 5. 脑部（脑神经节）6. 前胸 7. 背动脉 8. 气管 9. 中胸 10. 后胸 11. 前翅 12. 后翅 13. 中部内脏（胃）14. 心脏 15. 卵巢 16. 后部内脏（肠，直肠和肛门）17. 肛门 18. 阴道 19. 腹神经索 20. 马氏管 21. 爪垫 22. 爪 23. 跗节 24. 胫节 25. 腿节 26. 转节 27. 前部内脏（嗉囊）28. 胸部神经节 29. 基节 30. 唾液腺 31. 咽下神经节 32. 口器

自然吉尼斯

最大与最小的昆虫

从重量来说，世界上最重的昆虫是热带美洲的巨大犀金龟（鞘翅目犀金龟科）。这种犀金龟从头部突起到腹部末端长达155毫米，身体宽100毫米，比一只最大的鹅蛋还大。其重量竟有约100克，相当两个鸡蛋的重量。另外，巴西产的一种天牛（鞘翅目天牛科）体长也有150多毫米。但从体长来说，最长的昆虫是生活在马来半岛的一种竹节虫，其体长有270毫米，比一枝铅笔还要长。

世界上最小最轻的昆虫是膜翅目缨小蜂科的一种卵蜂，体长仅0.21毫米，其重量也极其轻微，只有0.005毫克。折算一下，20万只才1克，1000万只才有一个鸡蛋那么重。

最大的蛾子——乌桕大蚕蛾

乌桕大蚕蛾

翅展180–210毫米。前翅顶角显著突出，体翅赤褐色，前、后翅的内线和外线白色；内线的内侧和外线的外侧有紫红色镶边及棕褐色线，中间夹杂有粉红及白色鳞毛；中室端部有较大的三角形透明斑；外缘黄褐色并有较细的黑色波状线；顶角粉红色，内侧近前缘有半月形黑斑一块，下方土黄色并间有紫红色纵条，黑斑与紫条间有锯齿状白色纹相连。后翅内侧棕黑色，外缘黄褐色并有黑色波纹端线，内侧有黄褐色斑，中间有赤褐色点。

第二章　两栖作战的动物

在本章的内容里，我们将跟着牛牛进入动物世界里的陆地先锋——两栖类，两栖动物也是人们熟知的一类动物，是脊椎动物进化史上由水生向陆生的过渡类型，成体可适应陆地生活，但繁殖和幼体发育还离不开水。主要的特征是：体温不恒定；卵生，幼体在水中生活，经变态后成体可适应陆地生活，用肺呼吸，皮肤裸露而湿润，无鳞片、毛发等皮肤衍生物，黏液腺丰富，具有辅助呼吸功能。两栖类起源于距今约三亿多年前的泥盆纪。在漫长的演变过程中，鱼类从水到陆逐渐自我完善达到了质变并适应陆地新环境，因而形成了两栖动物，它们是最早的登陆四足动物。

牛牛大讲堂

两栖动物概述

两栖动物是最原始的陆生脊椎动物，既有适应陆地生活的新的性状，又有从鱼类祖先继承下来的适应水生生活的性状。多数两栖动物需要在水中产卵，发育过程中有变态，幼体（蝌蚪）接近于鱼类，而成体可以在陆地生活，但是有些两栖动物进行胎生或卵胎生，不需要产卵，有些从卵中孵化出来几乎就已经完成了变态，还有些终生保持幼体的形态。

两栖动物最初出现于古生代的泥盆纪晚期，最早的两栖动物牙齿有迷路，被称为迷齿类，在石炭纪还出现了牙齿没有迷路的壳椎类，这两类两栖动物在石炭纪和二叠纪非常繁盛，这个时代也被称为两栖动物时代。在二叠纪结束时，壳椎类全部灭绝，迷齿类也只有少数在中生代继续存活了一段时间。进入中生代以后，出现了现代类型的两栖动物，其皮肤裸露而光滑，被称为滑体两栖类。

现代的两栖动物种类并不少，超过4000种，分布也比较广泛，但其多样性远不如其他的陆生脊椎动物，只有3个目，其中只有无尾目种类繁多，分布广泛。每个目的成员也大体有着类似的生活方式，从食性上来说，除了一些无尾目的蝌蚪食植物性食物外，均食动物性食物。两栖动物虽然也能适应多种生活环境，但是其适应力远不如更高等的其他陆生脊椎动物，既不能适应海洋的生活环境，也不能生活在极端干旱的环境中，在寒冷和酷热的季节则需要冬眠或者夏蛰。

两栖动物的基本特征

两栖动物的幼体生活在水中，用鳃呼吸，经变态发育，成体用肺呼吸，皮肤辅助呼吸，水陆两栖。一般来说，两栖类动物都是卵生。

两栖动物的主要特征为：

1. 变态发育，幼体生活在水中，用鳃呼吸。

2. 成体大多数生活在陆地上，少数种类生活在水中，一般用肺呼吸。

3. 皮肤裸露，能分泌黏液，有辅助呼吸的作用。

4. 心脏两心房，一心室，不完全的双循环。

5. 体温不恒定。

6. 体外受精。

7. 先长出后肢，再长出前肢。

8. 抱对受精，不仅可以刺激雌雄双方排出生殖细胞，还可以使精子和卵细胞向相同方向排出，提高受精率。

两栖动物大家族

现在，人们把两栖动物归为两栖纲，共有3目，约60科共约6347种。

蚓螈目（无足目）。主要特征是：体细长，没有四肢，尾短或无，形似蚯蚓。中国仅有1种，即版纳鱼螈，是我国蚓螈目的唯一代表。

有尾目。主要特征是：体圆筒形；有四肢，较短；终生有长尾而侧扁；爬行，多数种类以水栖生活为主；形似蜥蜴，如大鲵，俗称“娃娃鱼”，是现存体型最大的两栖动物。

无尾目。主要特征是：体短宽；有四肢，较长；幼体有尾，成体无尾，跳跃型活动，幼体为蝌蚪，从蝌蚪到成体的发育中需经变态过程，如蛙和蟾蜍。

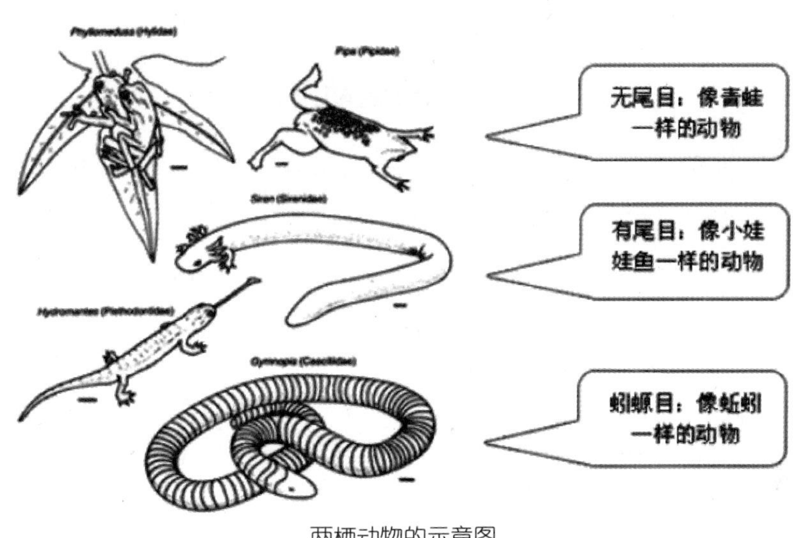

两栖动物的示意图

两栖动物3个目的体形各异，它们的防御、扩散、迁移的能力弱，对环境的依赖性大，虽然有各种生态保护适应，但相比其他纲的脊椎动物种类仍然较少，其分布除海洋和大沙漠外，平原、丘陵、高山和高原等各种生境中都有它们的踪迹，最高分布海拔可达5000米左右。它们大多昼伏夜出，白天多隐蔽，黄昏至黎明时活动频繁，酷热或严寒时以夏蛰或冬眠方式度过。

中国由于生态环境的多样性，现有两栖类动物300多种。而云南由于特殊的地理和复杂多样的自然环境，具有十分丰富的两栖类物种，约100余种，占全国两栖类动物种数的40%。在后面两栖动物多样性仅介绍几种具代表性的种类。人们通过认识两栖类物种的多样性，关注它们的生存状态，进一步保护人类这一朋友。

两栖动物的运动方式

两栖动物以各种不同的方式运动。常见的运动方式有：爬行、跳跃、攀爬、游泳、滑翔等。

大多数陆栖两栖动物（如常见的青蛙和蟾蜍）的后肢较前肢发达，通常情况下，前后肢在陆地上交错行走。一旦受到惊吓，后肢猛然发力，一跃而起可以瞬间摆脱威胁。多数两栖动物的前肢指间无蹼，而后肢趾间具蹼，在繁殖季节，两栖动物进入水塘或河流内产卵，它们发达的蹼就成为游泳的主要推进器。

生活在热带和亚热带森林中的树蛙还具有滑翔的本领。它们的手指间和脚趾间具有非常发达的蹼，滑翔时它们展开手指间和脚趾间的蹼，蹼就像小降落伞，使树蛙在空中短距离滑翔，从一棵树滑到另一棵树。

大部分时间生活在水塘或河流中的有尾两栖动物（如大鲵和小鲵），它们的尾部长而有力，它们游泳时以尾部推动整个身体前进。

两栖动物是由古鱼类进化而来的，它们的幼体仍然保留着鱼类的一些特点和运动方式，它们的幼体叫蝌蚪，用鳃呼吸，用尾部游泳。

生物天堂

两栖动物在中国的分布

根据现有资料统计，我国两栖动物物种共计365种左右，具跨古北和东洋两个动物地理界分布特点，物种多样性以东洋界（西南、华中和华南）最为集中和丰富。

中国动物地理学工作者又将其划分为7个区：东北区、蒙新区、华北区、青藏高原区、华中区、华南区和西南区。其中以热带和亚热带的华南区物种多样性最为丰富。

我国特有物种丰富，且主要集中分布在山区、岛屿和高原。平原分布物种虽有一定的多样性，但多为广布种。

两栖动物由于均为变温动物，因此无法居住在高寒地区，如南极和北极。

两栖动物由于离不开水，且由于皮肤的渗透性问题而不能进入高渗环境。因此主要分布在相对湿润的环境，包括森林、草甸、沼泽、溪流、河流、湖泊等生境。而在沙漠、戈壁和海水生境中几乎见不到这些物种的存在（部分物种除外，如沙漠雨蛙）。根据其栖息微环境差异分为水栖、陆栖、穴居和树栖等类型。

实际上，在两栖动物不同的生长阶段，栖息地也同样发生着变化，因此，栖息地不是绝对的、一成不变的。

依据繁殖场所和栖息场所的不同，将两栖动物的栖息地主要分为三种类型：生活在水内的、陆地上的及树上三种生活类型。个别物种洞栖，如大鲵。

两栖类动物生活的家园——水内、陆地、树栖

有的两栖动物生活在水中，有的两栖动物主要生活在陆地上，甚至有的两栖动物生活在树上。

1. 水内生活的类型。

静水内生活的：在平原或山区的稻田内或水凼内生活的类群。与在溪流内的生活类群相比，是有明显的区别的，主要表现在活动力和第二性征方面。静水生活的种类颇多，一般说来体态粗壮，后肢适中或短，蹼发达或适中，没有发达的指吸盘。不同的种类有不同的处所分布。在海拔较低的地区习见的有黑斑蛙、金线蛙、沼蛙等，体壮，后肢发达，善于游泳。

流水内生活的：在山区海拔2000米左右水流较缓的小溪内或在溪流的过水荡内有分布颇广的棘蛙类，如棘腹蛙、棘胸蛙等。这些蛙类居住在坡度不大、溪面或窄或较宽的水域中，水的流速一般来说比较缓慢。流水中生活的两栖动物成体的主要特征是指、趾具吸盘，蝌蚪（幼体）具有形态各异的口吸盘或腹吸盘。

2. 陆地生活的类型。

除了在繁殖季节时到水域中去产卵外，产卵前后一般都不到水中或极少在水中生活的类群。

高山山溪旁或山溪尽源处生活的：在较高的地带，海拔一般在2000米以上的山溪附近的草间或草皮石块下，有各种不同的锄足蟾科动物。一般体形较扁平者，后肢适中或发达，如小角蟾、短齿蟾及髭蟾等。体形粗壮者，后肢均短，如宽头大角蟾、猫眼蟾等。

草丛生活的：在不同海拔高度水域附近的草丛中有各种不同类型的无尾类。平原习见的有泽蛙、饰纹姬蛙等。

土穴生活的：典型的土穴生活类型，体形肥壮，后肢粗短，不善于跳跃。最突出的例子是狭口蛙类。

3. 树栖生活的类型。

通常为在树叶上生活的种类，少数种类也常生活在低矮的灌木丛或草丛中。在我国有两大类群，雨蛙科和树蛙科。二者都为树栖，表现出相同的适应性：如指趾端有吸盘，末两节间有介间软骨，吸盘腹面的腺体以及胸部的腺体可以使成体牢固地贴附在物体上。在自然状态下，多贴附在树叶上，体色以绿色为主，具有显著的适应意义。

小知识链接

动物在自然选择的过程中进化出适应环境的各种形态、生理特征，这一演化的过程称为“适应”。有些动物的特征特别适应某些特殊生境，在进化中具有典型性，称为“具有显著的适应意义”。

牛牛趣味集

长在水中的“豆荚”

水中的“豆荚”——娃娃鱼的卵

5月初的高山上开始有了星星点点的野花，山溪里的流水仍然冰冷刺骨。但勤劳的两栖动物已经在繁殖后代了。在宽1~2米的小山溪中，溪水轻快地流过一些较大的石块，轻轻地翻开石块，哈，下面有条小娃娃鱼；又翻开一块石块，咦？石块下面怎么长了一串串的“豆荚”？

“豆荚”晶莹剔透，呈“Y”字型，“豆荚”的柄约1厘米长，柄上有2支豆荚，每支长12厘米左右，里面有8~25枚白色的豆粒。哎，怎么有的豆粒开始发芽了，却没有长出叶片，而是长得像小娃娃鱼？啊，原来这些“豆荚”就是小娃娃鱼的卵。

在我国西南山地的高山溪流中生活着许多像小娃娃鱼一样的两栖动物，称为小鲵科动物，它们都产一种类似于豆荚状的卵鞘袋，厚厚的卵鞘袋既有很好的透气性，又非常坚韧，可以保护卵宝宝健康平安地发育。

青蛙为什么要冬眠呢？

在寒冷的冬天，青蛙便开始了冬眠，人们再也听不到青蛙呱呱的叫声。当春天到来之际，青蛙等两栖类动物便从漫长的冬眠中醒过来，开始新的生活。

水中冬眠的蟾蜍

青蛙是两栖动物，两栖动物又是冷血动物，它们的体温会受到气温的影响，随着气温的变冷，它们的体温也会逐渐下降。当气温下降到一定程度时，青蛙就钻进泥土里，不吃不动，处于睡眠状态，以此来躲避严寒，等到第

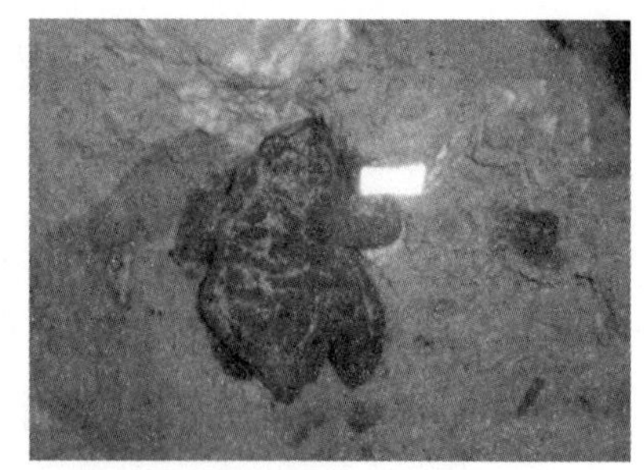
穴中冬眠的大绿蛙

二年春天地温升高后再出来活动，这就是为什么青蛙要冬眠的缘由。因此，冬眠是动物为了适应严寒的外界环境的一种生存方法。

比爸妈更长的宝宝

在人们的印象中，蝌蚪是小小的鱼的样子，而它们的父母青蛙则是大大的，在我们的身边很少会发现比青蛙更大的蝌蚪。因为大多数蝌蚪的发育时间仅15～60天，时间比较短，因此，它们的个体很小。

在我国高海拔的横断山区却生活着一些比父母更大的蝌蚪。它们的体长可以达到10～12厘米，而抚育它们的父母体长仅8厘米左右。这些蝌蚪生活在冰冷的溪水中，利用强而有力的唇齿和角质颌刮食石块上的藻类。由于环境温度较低，食物少，营养差，蝌蚪发育较慢，它们要在水中生活3～5年的时间才能变态成为成体。

较长的发育期和低温环境是造成大蝌蚪的重要原因；同时胚胎发育研究也表明，蝌蚪发育缓慢也显示出这类蝌蚪具有冷域性物种（生活在寒温带、高海拔的物种一般称为冷域性物种，其共同的特征是冬眠期较长）的特征。

有“顺风耳”的凹耳蛙

顺风耳是中国四大名著之一《西游记》中所记载过的一个神仙，能听到千里之外的声音。在两栖动物世界里也有这么一位长有顺风耳的动物，它就是安徽省黄山的凹耳蛙。这种青蛙特别之处在于有一个凹陷的外耳道，而我国其他所有青蛙在相同位置则是平的，并且被一层与皮肤相连的鼓膜覆盖。凹耳蛙所生活的环境中有非常大的噪声，如湍急的流水声和昆虫的叫声。那么这种动物是如何在强噪声背景条件下进行声通讯的呢？

2006年，一个由中美科学家共同组成的研究队伍揭开

有“顺风耳”的凹耳蛙

了这个秘密。他们发现，凹耳蛙凹陷的耳道是用来接收超声波的，而凹耳蛙的叫声中也包含人耳听不到的超声波！目前仅仅有一小群脊椎动物，如蝙蝠、海豚与鲸，及少数啮齿类可以用超声信号通讯，凹耳蛙则幸运地成为第一个能产生并检测超声信号的非哺乳类脊椎动物。

凹耳蛙能发射和接收超声波，在科学上有非常重大的意义。关于凹耳蛙进行超声通讯的能力的研究，不仅给理解为什么人类有耳道这个问题提供暗示，而且有助于了解动物听觉系统的进化，并对开发仿生技术有重要启示。

蝌蚪的“牙齿”

夏天的池塘里，孵出了许多的小蝌蚪，它们在水里优哉游哉地游啊游，快乐极了。碰到一些枯枝落叶，它们就伏在上面，津津有味地吃着。可是，没看到蝌蚪的牙齿啊，它们是通过什么方式进食的呢？

蝌蚪有“牙齿”，但是太小了，要在高倍显微镜或电子显微镜下才能看到。在电子显微镜下看到它们的牙齿很

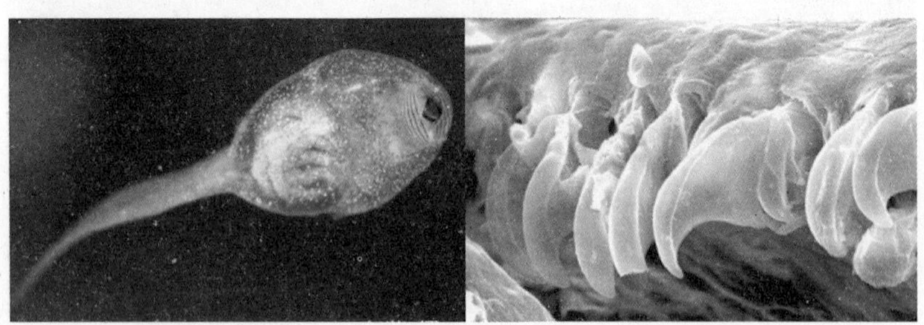

可爱的小蝌蚪　　蝌蚪的牙齿

锋利，就是匕首的样子，它们排列很密，在1mm的距离上约有唇齿40～100枚；唇齿向口腔中部弯曲，末端尖锐，弦侧较薄，弓侧增厚，唇齿的横切面呈“T”字型；唇齿采用“用过即丢”的方式产生，当新的唇齿从旧唇齿内部萌发出来时，旧的唇齿就像手套一样脱落下来。当然，蝌蚪要成功觅食，还要借助强大的角质颌。

自然吉尼斯

世界上最大的两栖动物

大鲵是中国特有的极濒危两栖动物，是国家二级保护动物。在全世界只有3种大鲵：中国大鲵、日本大鲵和美国的隐鳃鲵，中国大鲵的体型最大，可达1.8米长。

我国的劳动人民很早就有对大鲵的详细记载和描述。早在2200多年前战国时期的《山海经》就有人鱼（大鲵）的

中国大鲵

记载。大鲵还是一种具有较高经济价值的两栖动物，在我国具有悠久的食用、药用和观赏的历史。

但是自20世纪50年代开始加剧的人类活动，如非法捕捉和栖息地丧失等，导致大鲵数量严重下降，分布范围极度缩减，大鲵的自然分布区及种群数量下降了60%～90%，目前大鲵分布于以中国中部山区长江流域为主的17个省区，形成了12个片段化的岛屿分布型式。2008年被世界两栖动物学家评选为最濒危的两栖动物，保护大鲵刻不容缓。

第三章　遨游天空的鸟类

在本章的内容里，我们要学习遨游天空的鸟类。春回大地，万物复苏！河流冰雪消融，植物吐出一抹新绿，沉寂了一个冬天的鸟儿们，又开始在树梢上、草丛中活泼地跳跃着，欢快地歌唱着！每当看到这些大自然的精灵无忧无虑地在天空中飞翔，仿佛自己也插上了翅膀和它们一起自由翱翔在广阔的天际。清晨，在鸟儿清脆悦耳的歌声中开始一天的工作；傍晚，在鸟儿轻盈跃动的身影中结束一天的忙碌。日复一日，像亲密的朋友一样相伴在左右。

牛牛大讲堂

鸟类是从爬行类进化而来的，在进化过程中获得了一些新的进步性特征，如旺盛的新陈代谢和高而恒定的体温，完善的繁殖方式和较高的后代成活率以及独特的飞行运动。长期适应飞行使鸟类的躯体结构发生重大改变。独特的运动方式使鸟类在生存竞争中占有优势，不仅迅速扩展和占据了地球的各个角落，其形态特征和功能也与周围环境高度适应。

鸟的分类

鸟是两足、恒温、卵生的脊椎动物，身披羽毛。鸟的羽毛分为正羽（主要用于飞行）和绒羽（主要用于保温）。前肢演化成翼，有坚硬的喙（鸟的嘴）。鸟的体型大小不一，既有很小的蜂鸟也有巨大的鸵鸟和鸸鹋（产于澳洲的一种体型大而不会飞的鸟）。

大多数鸟类都会飞行，少数平胸类鸟不会飞，特别是生活在岛上的鸟，基本上也失去了飞行的能力。不能飞的鸟包括企鹅、鸵鸟、几维（一种新西兰产的无翼鸟）以及绝种的渡渡鸟。当人类或其他的哺乳动物侵入到它们的栖息地时，这些不能飞的鸟类将更容易遭受灭绝，例如大的海雀和新西兰的恐鸟。

鸟类种类很多，在脊椎动物中仅次于鱼类。目前全世界为人所知的鸟类一共有9，000多种，光中国就记录有1300多种，其中不乏中国特有鸟种（参见中国特有鸟种列表）。大约有120~130种鸟已绝种。与其他陆生脊椎动物相比，鸟是一个拥有很多独特生理特点的类群。这些鸟在体积、形状、颜色以及生活习性等方面，都存在着很大的差异。在这么多的鸟类中，最大的要数鸵鸟，它是鸟中的

"巨人"。非洲鸵鸟体高2.75米，最重的可达165.5千克；最小的是南美洲的蜂鸟，体长只有50毫米，体重也就同一枚硬币一样重。鸟能飞翔，但并不是所有的鸟都可以飞起来。比如鸵鸟双翅已退化，胸骨小而扁平，没有龙骨突起，不能飞翔。企鹅是特化了的海鸟，双翅变成鳍状，失去了飞翔能力。有的鸟虽然可以飞行但飞行的距离不是特别远，如家鸡由于双翅短小，不能高飞，但至少可以飞几十米远；而家鸭彻底失去了飞行的能力。鸟类新陈代谢旺盛，消化力强，所以鸟类的食量相当大，例如蜂鸟一天吸食的花蜜量等于体重的一倍。一些小型鸟类每天的食物量相当于体重的10%～30%。大多数鸟类是杂食的，并不太挑挑拣拣。每年春天和秋天，鸟类都成群结队，遮天蔽日地在天空中飞行，这种在不同季节要更换栖息地区，或是从营巢地移至越冬地，或是从越冬地返回营巢地的季节性现象称为鸟类迁徙。每年大地回春，鸟类就开始进行求爱、生殖、营巢、孵卵和育雏等一连串的活动。

鸟的食物多种多样，包括花蜜、种子、昆虫、鱼、腐肉或其他鸟。大多数鸟是日间活动，也有一些鸟（例如猫头鹰）是夜间或者黄昏的时候活动。许多鸟都会进行长距离迁徙以寻找最佳栖息地（例如北极燕鸥），也有一些鸟大部分时间都在海上度过（例如信天翁）。鸟由于用喙在土壤中取食，喙一般狭长尖细，口中没有牙齿。

鸟的体被

鸟的体被包括皮肤及皮肤衍生物。皮肤的主要功能是保护，防止外界的损伤以及细菌等微生物的侵袭。另一主要功能是保持和调节体温。鸟类的皮肤薄而纤细，松动地覆于肌肉表面。在某些部位，如喙、跗蹠、脚、翅骨等，皮肤几乎是紧连在骨骼表面。鸟类的皮肤衍生物包括皮肤腺和角质皮肤衍生物。

鸟类皮肤缺乏腺体，唯一可见的大型皮肤腺是尾脂腺，其分泌物主要是油脂。鸟类角质皮肤衍生物包括羽毛、鳞片、距、爪、喙、额板、腊膜、肉冠、肉垂及孵卵斑等。其中羽毛是表皮的角质化衍生物，主要功能是保护皮肤不受损伤，保持和调节体温，是鸟类完成飞翔的重要结构，有触觉功能。原始鸟类的羽毛可能均匀地着生在体表，绝大多数鸟

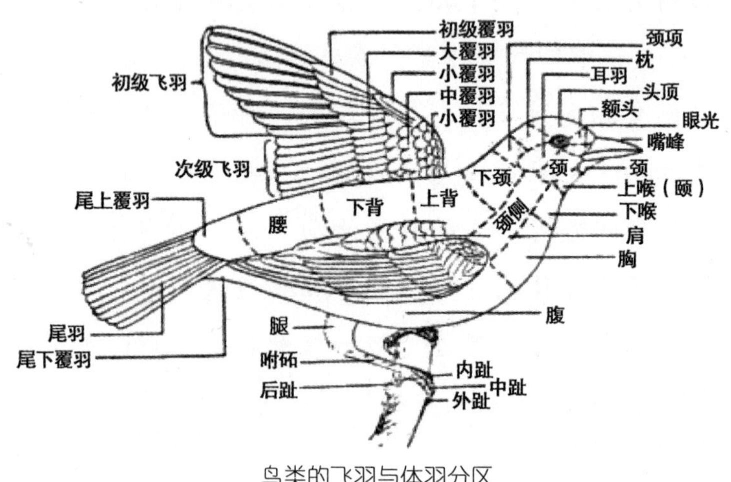

鸟类的飞羽与体羽分区

类的体羽只着生在体表的一定区域内，称为羽区，各羽区之间不着生羽毛的地方称为裸区。

鸟类翅膀上所着生的一列强大而坚韧的羽毛称为飞羽。其中着生在手部（腕骨、掌骨和指骨）上的飞羽称初级飞羽，一般为9～11枚；着生在前臂部（尺骨）上的飞羽称次级飞羽，通常为10～20枚。

飞羽的数目和形态是鸟类分类的重要依据。鸟类翅膀的背、腹面都有一系列不同大小的羽毛呈覆瓦状将飞羽基部覆盖，称为覆羽。尾区着生一列强大的尾羽，左右对称，一般10或12枚，多者可达24枚。尾羽的背、腹面也有覆羽。鸟类的飞羽及体羽有多种多样的色泽、斑纹和光泽，不同区域可能差别较大，是识别鸟类的重要特征。鸟类的尾羽在飞行中起平衡和舵的作用，因飞翔特性不同以及生活习性的差异，尾羽的形态也多种多样，是分类的重要依据。

鸟类的骨骼及肌肉系统

1.骨骼系统具有支持躯体和保护内脏的功能，也是躯干和四肢肌肉的附着点，共同构成鸟类的运动器官。此外，骨骼在体内钙的贮存及调节血液中钙、磷代谢有重要作用。长期适应飞翔生活，骨骼系统发生显著变化。主要表现在以下几个方面：（1）鸟类骨骼轻便，骨壁很薄，大多数骨骼内有气囊或气腔。（2）鸟类许多骨骼退化，变形以及某些骨骼广泛愈合，从而变得十分坚固。

2. 肌肉系统由骨骼肌、内脏肌和心肌组成。在神经支配、内分泌调节以及有关器官的配合下，共同完成躯体运动、内脏器官蠕动和血液循环。鸟类适应飞翔，躯体和运动器官显著变形，骨骼肌发生显著变化：背肌趋于退化，颈肌复杂；胸肌发达；后肢肌肉十分发达和复杂，并发展了与栖止抓持有关的巧妙装置。

3. 飞行是鸟类独特的运动方式，是在神经系统的控制下，由骨骼、肌肉和羽片所构成的飞翔器官（翼与尾）协同完成。鸟类飞行时基本上是鼓翼、滑翔和翱翔三种方式交替使用。一般小型鸟类以鼓翼及滑翔为主，大型鸟类多具较好的翱翔能力。

鸟类飞行速度在不同种类之间以及同一种类在不同条件下均有较大差异。一般来说，小型雀类为32.2～59.6km/h，雁鸭类95～115km/h，雨燕为110～190km/h。鸟类的飞行高度一般不高于海拔5000m，绝大多数鸟类的飞行高度为400～1000m。

鸟类的迁徙习性：留鸟、候鸟、迷鸟

根据鸟类迁徙习性的不同，可分为留鸟、候鸟、迷鸟几个类型：

1. 留鸟。终年栖息于同一地区，不进行远距离迁徙的鸟类物种。如我们最熟悉的喜鹊、麻雀等。

2. 候鸟。在春秋两季，沿一定路线在繁殖区和越冬区之间进行往返迁徙的鸟类。如天鹅、家燕、燕雀等。

根据候鸟在某一地区的旅居情况，又可分为如下几类：

夏候鸟：在某一地区，该鸟夏季来此繁殖，秋季离开，这种鸟就称为这一地区的夏候鸟。杜鹃、家燕等为北京的夏候鸟。

冬候鸟：冬天在这一地区越冬，而春天迁往繁殖地的鸟，在其越冬的地方就称为该地区的冬候鸟。如，斑头雁在我国青海湖繁殖在藏南越冬，它就是青海湖地区的夏候鸟，也是藏南地区的冬候鸟。

旅鸟：某种鸟在迁徙过程中经过一地区，它不在此地繁殖，也不在此地越冬，而是短暂停留一段时间，这种鸟就称为该地区的旅鸟。如许多鸻鹬类在我国东部地区就为旅鸟。

3. 迷鸟。指那些在迁徙过程中由于如狂风等某种特殊环境、气候因素而偏离正常的迁徙路径，而偶然到异地的鸟类个体。如埃及雁在北京只有一次纪录，属于北京地区的迷鸟。

这样的划分是有地区局限性的，例如，绿头鸭在东北地区是夏候鸟，而在长江流域却是冬候鸟。因而，当我们提及鸟类居留型的时候，都要指明地点、区域而不是国家。

体验探究

如果按照鸟的食物来分，又可以分哪些种类呢？同学们，赶紧想想，快来告诉牛牛吧！

小知识链接

鸟类按其食性可分四类：

[食谷鸟]

也叫硬食鸟。这类鸟以植物种子为主要食物，嘴呈坚实的圆锥状，短而粗，峰脊不明显，进食时常咬开坚硬的种子外壳，食取种仁。其消化的特点是：腺胃细小，肌胃发达丰厚，内膜粗硬，常贮有砂石粒，盲肠退化消失。在家养鸟中，雀科和文鸟科均属于此类，如金丝雀、黄雀、灰文鸟、金山珍珠等，这类鸟比较好养。

[食虫鸟]

也叫软食鸟，这类鸟以昆虫、浆果为主要食物，嘴细而长，形状多样，有些种类的嘴较软，嘴基部还有须。其消化道的特点是：无嗉囊，腺胃细长，肌胃坚实，肠管较短，盲肠未消失。食虫鸟种类多，数量大，约占鸟类总数的一半。但这类鸟较难饲养，人工繁殖更难，且多属捕食害虫的益鸟，应注意保护。大山雀、黄鹂、点颏、啄木鸟均属此类。

[杂食鸟]

其食性较杂，有的以食谷为主而兼食虫，有的以食虫为主兼食谷。从家庭饲养的角度考虑，我们把前者归为硬食鸟，把后者归为软食鸟。杂食鸟的嘴形一般长而弯，有峰脊。其消化道的特点是：腺胃与肌胃几乎等长，肠管中长或较长，盲肠退化或消失。百灵、八哥、鹩哥、画眉、太平鸟均属于此类。

[肉食鸟]

也叫生食鸟。此类以肉、鱼为主要食物，饲养时还不能用其他饲料代替。其嘴形有的钩曲，有的宽大，有的细长，其消化道的特点是：腺胃发达，肌胃较薄，肠管较短。翠鸟、雀鹰、白鹭、鹳、朱鹮均属此类。

生物天堂

北极鸟类比南极鸟类更丰富

北极既是鸟类的王国，也是鸟类的天堂。北极不仅有辽阔的草原，丰富的食物，而且还有安静而干净的环境，很少人类干扰，南极则没有这个条件。

一提起鸟类，立刻会激起人们无尽的联想。首先是它们那身光彩斑斓的羽毛，这是其他任何生物都没有的；其

在非洲和南美越冬而在阿拉斯加繁殖的赛贝尼海鸥

来自中国南海而在阿拉斯加做客的海鹬

次则是那对令人向往的翅膀，可以上下翻飞，自由翱翔，不用说这点令其他生物望尘莫及，就连高傲的人类也自叹弗如，只能望洋兴叹。至于它们那婉转的歌喉，和谐的群体，温暖的巢穴，长途的迁徙更使人类羡慕不已。不仅如此，鸟类也是地球上分布最广的动物之一。从长年冰雪的北极边缘到世界最高的喜马拉雅山，从波涛汹涌的浩瀚海洋到遮天蔽日的热带丛林，从寸草不生的干旱沙漠到人口稠密的大小城市，几乎世界的每一个角落，都可以看到鸟类的踪迹。迄今为止，地球上只有一个地方极少看到鸟类出没，那就是南极大陆的中心地区。然而，即使在那里，也曾有人在南极点附近看到过贼鸥在风雪中顽强地奋飞、觅食。因此，有人认为，鸟类是地球上最完美的生物，也是天地之间最圣洁的生灵。

地球上到底有多少种鸟类，并没有确切的数字，估计大约有9000种，分为27个目，160多个科。那么，有哪些鸟类与北极有关系呢？据统计，北极的鸟类共有120多种，其中多为候鸟，常驻的鸟类有12种，不到总数的1／10。生活在北半球的所有鸟类，大约有1／6要到北极繁殖后代。作为对比，南极的鸟类只有43种，永久性的居民大概只有企鹅和贼鸥而已。而企鹅到底算不算鸟类，至今仍然大有争议。

据一位在北极草原观察和研究了10多年的鸟类专家说，光在阿拉斯加北极地区，就有来自世界各地的候鸟在这里安家落户。例如，绒鸭来自阿留申群岛，苔原天鹅来自美洲东海岸，黑雁来自墨西哥，海鸥来自马来西亚和中国东海岸。也就是说，北极是全世界几乎所有候鸟的乐园和故土。这是因为，北极不仅有辽阔的草原，丰富的食物，而且还有安静而干净的环境，很少人类干扰，南极则没有这个条件。

鸟类迁徙的原因

引起鸟类迁徙的原因很复杂，一般都认为这是鸟类的一种本能，这种本能不仅有遗传和生理方面的因素，而且也是对外界生活条件长期适应的结果，与气候、食物等生活条件的变化有着密切的关系。候鸟对于气候的变化感觉很灵敏，只要气候一发生变化，它们就纷纷开始迁飞。这样，可以避免北方冬季的严寒，以及南方夏季的酷暑。

气候的变化，还直接影响到鸟类的食物条件。例如，入秋以后，我国北方大多数植物纷纷落叶、枯萎，昆虫活

动减少，陆续钻入地下入蛰或产卵后死亡，数量锐减。食物的匮乏使以昆虫为食的小型鸟类不能维持生活，只有迁徙到食物丰盛的南方，才能很好地度过冬天。而以昆虫和小型食虫鸟为猎捕对象的鸟类也随之南迁。

天气的好坏、风向、风力的大小等均对鸟类的迁徙有较大的影响，较为适宜的是晴朗的天气，并有风力为3～5级的顺风。但春季迁徙的一部分鸟类，有时由于繁殖期的临近而急于赶到繁殖地，因此即使在十分不利的气候条件下，也会克服困难，继续迁飞。

更令人称奇的是，鸟群在迁徙时竟然能够飞行得十分协调，时而向左，时而旋转，时而如万马腾空跳跃，蔚为壮观。这种现象自从古罗马博物学家皮里尼首次对大雁等鸟类作过观察记录以来，已经被人们研究和探索了20个世纪，但至今仍众说纷纭，莫衷一是。目前趋向于三种解释：其一是“节能”说，根据“空气动力学”或“跑道”原理，鸟类在作“V”字形飞行时，把翅膀放在其他鸟类飞行时所产生的气流之上，就可以节约大约70%的能量，这对躯体比较笨重的大雁类来说是至关重要的；其二是“信息”说，在鸟类群飞时，常有一只或几只有经验的领头鸟带路，领头鸟可以为鸟群提供食源、水源等的可靠信息；其三是“安全”说，认为大群鸟类集合在一起的时候，要比单独一只或仅有数只鸟的情况更容易发现敌害，因为在鸟群飞行或栖息时，只要其中有一只鸟发现敌害，它就会很快将这个信息以一传十、十传百的方式传递给所有的鸟，鸟群就会立即采取应急的对策，或者迅速逃跑，或者一起鸣叫，将敌害吓退。

许多鸟类有一种本能，即所谓“返巢本性”，这种本性反映出它们对于自己的出生地的眷恋，以及寻找旧居的能力。它能帮助鸟类在第二年繁殖季节，顺利地返回旧巢。有人曾捕获一只雕鸮，13年后，这只获得了自由的鸟儿竟回到了离故址不到2公里的地方。鸟类从千里之外定向识途的本领，一直是神奇的大自然的奥秘之一。它们靠什么来决定航向？北极星？太阳？月亮？风？气候？还是地磁？它们的方向意识又是从何而来的？这始终是自然界中一个使人百思不得其解的谜。科学家通过环志、雷达、飞行跟踪和遥感技术等方法测到，鸟类在飞行时，往往主要依靠视觉，通过天空中日月星辰的位置来确定飞行方向。此外，地形、河流、雷暴、磁场、偏振光、紫外线等，都是鸟类飞越千里不迷航的依据。最近的研究还表明，鸟嘴的皮层上有能够辨别磁场的神经细胞，被称之为松果体的神经细胞就像脊椎动物对光的感觉器官一样起着重要作用。对哺乳动物和信鸽进行的多次电生理学试验表明，部分松果体细胞能对磁场强弱的微小变化作出反应。

鸟类的迁徙绝非轻易之举。通常飞越一个宽阔的海面和高大的山脉后，其体重会减轻一半，大批当年出生的幼鸟在迁徙途中或到达迁徙终点后都难逃夭折的命运。在迁徙的途中来不及觅食、骤起的风暴、浩瀚的水域等等，无时无刻不在吞噬着这些生灵。同时迁徙时间的早晚也蕴藏着危机，太早意味着北方的生活环境还被冰雪覆盖，过晚则会遭遇暴风雨的危险，而且还有无数人为的干扰：高大建筑物，无线电天线，灯塔与烟囱、与飞机相撞等等，都潜伏在鸟类漫长的迁徙途中。

牛牛趣味集

捕鱼高手

翠鸟体型大多数矮小短胖，只有麻雀大小，体长大约15厘米。其体型有点像啄木鸟，但尾巴短小。翠鸟头大，身体小，嘴壳硬，嘴长而强直，有角棱，末端尖锐。体羽主要为亮蓝色。头顶黑色，额具白领圈。浓橄榄色的头部有青绿色斑纹，眼下有一青绿色纹，眼后具有强光泽的橙褐色。喉部色黄白，嘴特别大而呈赤红色。面颊和喉部白色。上体羽蓝色具光泽，下体羽橙棕色。胸下栗棕色，翅翼黑褐色。足短小，二趾

光彩夺目的翠鸟

相并，脚珊瑚红色。翠鸟尾巴很短，但飞起来很灵活。当然，不同种类的翠鸟外形会有所不同。

翠鸟分水栖翠鸟和林栖翠鸟两大类型，常采取伏击的方式捕食。水栖翠鸟是捕鱼的高手，也捕食其他水生动物，是翠鸟中最常见的类群，如普通翠鸟和各种鱼狗。林栖翠鸟捕食各种小动物，包括笑翠鸟和几种翡翠。林栖翠鸟以澳大利亚和新几内亚一带为分布中心，其中澳大利亚的笑翠鸟是澳洲最著名和常见的鸟类之一，也是体型最大的翠鸟之一，以蛇和蜥蜴为食。翠鸟是佛法僧目中分布最广泛的，世界上大多数地方都能见到，有14属93种，我国有5属11种。

啄木鸟为什么不会脑震荡？

啄木鸟是常见的留鸟，在我国分布较广的种类有绿啄木鸟和斑啄木鸟。它们专门觅食天牛、吉丁虫、透翅蛾、蠢虫等害虫，每天能吃掉1500条左右。所以，人们称啄木鸟是“森林医生”。

头部摆动很快的啄木鸟

据科学家测定，啄木鸟在啄食时，头部摆动速度相当于每小时2092公里，比时速55公里的汽车快37倍。它啄木的频率达到每秒15～16次。由于啄食的速度快，因此啄木鸟在啄木时头部所受冲击力等于所受重力的1000倍，相当于太空人乘火箭起飞所受压力的250倍。啄木鸟啄木时所承受的冲力这样大，那它为什么不会患脑震荡呢？

原来，啄木鸟的头骨十分坚固，其大脑周围有一层绵状骨骼，内含液体，对外力能起缓冲和消震作用，它的脑壳周围还长满了具有减震作用的肌肉，能把喙尖和头部始终保持在一条直线上，使其在啄木时头部严格地进行直线运动。因此，尽管它每天啄木不止，多达102万次，也能常年承受得起强大的震动力。

世界上没有翅膀的鸟是什么鸟？

鸟类一般都有翅膀，羽毛丰满。而在新西兰却生活着一种没有翅膀的鸟，它就是几维鸟。

1. 国鸟。

新西兰人骄傲地称自己为“几维人”。把这种鸟尊为“国鸟”。在新西兰的钱币、邮票、明信片上，也可看到几维鸟的图案。至于物品的商标、营业店的牌号，用“几维”二字命名的就更多了。这些都表明，几维鸟的品格、精神已经深深印入新西兰人的心里。

没有翅膀的鸟类——几维鸟

2. 传说。

没有翅膀的鸟类 ——几维鸟

几维鸟为什么能被新西兰人尊为国鸟呢？原来这里有一段美丽的传说：相传很久以前，几维鸟原来是一种长得非常漂亮的鸟，浑身长着五颜六色的羽毛，能在高空翱翔。可称得上是“鸟中之王”了。它与别的鸟相伴，自由地生活在原始森林中。可是有一天，森林突然起火，几维鸟最后一个逃出火海。它身上的羽毛被烧焦了，尾巴和翅膀也烧光了。从此几维鸟就再也不会飞翔了。由于伤势过重，不能再见其他尾翅健全的鸟伴们，只好独身在夜晚，发生“几……维……”的叫声。也许这一神话感动了当时的居民毛利人，引起了他们深切的同情，对这种鸟便倍加爱护。几维鸟是新西兰唯一保存下来的无翼鸟；它同食火鸡、鸸鹋等都是平胸鸟类的典型代表种，因此显得格外珍奇。在新西兰民间人们把几维鸟视为吉祥的象征。所以新西兰人把它尊为国鸟就不足为奇了。几维鸟除了珍稀、古老等特点外，它本身也有许多重要的用途。它那柔软、蓬松的羽毛，是编织衣物的绝好材料。而今新西兰人为保护自己的国宝，采取了种种可行的措施，如为之建造寓所。

保护小动物

希望大家能多关怀小动物，既然你选择了养宠物，就不要抛弃它们，给它们一个温暖的家。在这世界上，每一种动物都有一个美丽的传说，好好地珍惜它们吧！就像珍惜你所爱的人。

自然吉尼斯

鸟类之最

最小的鸟和最小的鸟卵：许多人都知道蜂鸟是世界上最小的鸟类，其实这种说法并不十分准确，因为全世界的蜂鸟有315种左右，分布于从北美洲的阿拉斯加到南美洲的麦哲伦海峡，以及其间的众多岛屿上。它们的体形差异也很大，最大的巨蜂鸟体长达21.5厘米，当然不能说它是世界上最小的鸟了。而产于古巴的吸蜜蜂鸟的体长只有5.6厘米，其中喙和尾部约占一半，体重仅2克左右，其大小和蜜蜂差不多，这样的蜂鸟才是世界上体形最小的鸟类，它的卵也是世界上最小的鸟卵，比一个句号大不了多少。

体形最大的鸟：世界上体形最大的现生鸟类是生活在非洲和阿拉伯地区的非洲鸵鸟，它的身高达2～3米，体重56千克左右，最重的可达75千克。但它不能飞翔。它的卵重约

1.5千克，长17.8厘米，大约等于30-40个鸡蛋的总重量，是现今最大的鸟卵。

翼展最宽的鸟：漂泊信天翁，3.63米。

最大的飞鸟：生活在非洲东南部的柯利鸟，翅长2.56米，体重达18千克左右，是世界上能飞行的鸟中体重最大者。

最重的飞鸟：大鸨，雄性的体重18千克。

最小的猛禽：婆罗洲隼，体长15厘米，体重35克。

羽毛最多的鸟：天鹅，超过25000根。

羽毛最少的鸟：蜂鸟，不足1000根。

羽毛最长的鸟：天堂大丽鹃，尾羽是体长的2倍多。

寿命最长的鸟：鸟类中的长寿者不少，如大型海鸟信天翁的平均寿命为50～60年，大型鹦鹉可以活到100年左右。在英国利物浦有一只名叫“詹米”的亚马逊鹦鹉，生于1870年12月3日，卒于1975年11月5日，享年104岁，不愧为鸟中“老寿星”。

寿命最长的环志海鸟王：信天翁，60余年。

寿命最长的笼养鸟：葵花凤头鹦鹉，80余年。

飞行速度最快的鸟：尖尾雨燕，平时飞行的速度为170千米/小时，最快时可达352.5千米/小时，堪称飞得最快的鸟。

冲刺速度最快的鸟：游隼，在俯冲抓猎物时能达到180千米/小时。

水平飞行最快的鸟：欧绒鸭，76千米/小时。

飞得最慢的鸟：小丘鹬，8千米/小时。

振翅频率最高的鸟：角蜂鸟，90次/秒。

振翅频率最慢的鸟：大秃鹫，滑翔数小时不拍翅。

一次飞行时间最长的鸟：北美金鸻，以90公里/小时的速度飞35小时，越过2000多公里的海面。

飞行最高的鸟类：大天鹅和高山兀鹫是飞得最高的鸟类，都能飞越世界屋脊——珠穆朗玛峰，飞行高度达9000米以上，否则就可能会撞在陡峭的冰崖上丧生。

飞行最远的鸟类：北极燕鸥是飞得最远的鸟类。它是体形中等的鸟类，习惯于过白昼生活。当南极黑夜降临的时候，便飞往遥远的北极，由于南北极的白昼和黑夜正好相反，这时北极正好是白昼。每年6月在北极地区“生儿育女”，到了8月份就率领“儿女”向南方迁徙，飞行路线纵贯地球，于12月到达南极附近，一直逗留到翌年3月初，便再次北行。北极燕鸥每年往返于两极之间，飞行距离达4万多公里。因为它总是生活在太阳不落的地方，人们又称它“白昼鸟”。

游水最快的鸟：巴布亚企鹅，27.4千米/小时。

跑得最快的鸟：鸵鸟，72千米/小时。

最凶猛的鸟：生活在南美洲安第斯山脉的悬崖绝壁之间的安第斯兀鹰，体长可达1.2米，两翅展开达3米。它有一个坚强而钩曲的“铁嘴”和尖锐的利爪，专吃活的动物，不仅吃鹿、羊、兔等中小型动物，甚至还捕食美洲狮等大型兽类，因此又有“吃狮之鸟”和“百鸟之王”的称呼。

尾羽最长的鸟类：日本用人工杂交培育成的长尾鸡，尾羽的长度十分惊人，一般长达6～7米，最长的纪录为1974年培育出的一只，为12.5米。如果让它站在四层楼房的阳台上，它的尾羽则可以一直拖到底楼的地面上，因此也是世界上最长的鸟类羽毛。

雄鸟和雌鸟体重相差最大的鸟类：生活在欧亚大陆北部的大鸨在鸟类中雄鸟和雌鸟体重差别最大，雄鸟体重为11～12千克，而雌鸟只有5～6千克。

嘴峰最长的鸟类：生活在南美洲的巨嘴鸟是嘴峰最长的鸟类，它的嘴峰的长度为1米左右，十分奇特。

最长鸟喙：澳洲鹈鹕，长47厘米。

最宽鸟喙：鲸头鹳，宽12厘米。

学话最多的鸟：非洲灰鹦鹉，学会800多个单词。

最擅长效鸣的鸟：湿地苇莺，模仿60多种鸟鸣。

最复杂的鸟巢：非洲织布鸟的巢，它同时也是最大的公共巢，有300多个巢室。

最大的鸟巢：白头海雕的巢，长6米，宽2.9米。

最小的巢：吸蜜蜂鸟的巢，只有顶针大小。

产卵最少的鸟：类信天翁每年只产一枚卵，是产卵最少的鸟。

窝卵数最多的鸟：灰山鹑，每窝15～19枚。

孵化期最长的鸟类：信天翁也是孵化期最长的鸟类，一般需要75～82天。

最晚性成熟的鸟类：信天翁雏鸟达到性成熟的过程也是鸟类中最长的，需要9～12年。

最大的鸟卵化石：17世纪中叶以前，在马达加斯加岛南部生活着一种象鸟，现在已经绝迹。象鸟的卵化石的长径为35.6厘米，相当于148个鸡蛋的大小，是迄今世界上所发现的最大鸟卵化石。

最大的鸟类化石：最大的鸟类化石是隆鸟的化石，估计它的身高达5米左右，原来生活在马达加斯加岛上，在公元7世纪时灭绝。

我国十大最珍稀濒危鸟类

1. 朱鹮。

朱鹮全长79厘米左右，体重约1.8千克；雌雄羽色相近，体羽白色，羽基微染粉红色；后枕部有长的柳叶形羽冠；额至面颊部皮肤裸露，呈鲜红色；嘴细长而末端下弯，长约18厘米，黑褐色具红端。

朱鹮

朱鹮体态秀美典雅，行动端庄大方，十分美丽动人。由于朱鹮性格温顺，我国民间都把它看做祥瑞，称为“吉祥之鸟”。

朱鹮是我国一级保护濒危鸟类，经过近10年来的保护和人工繁育，现在数量为500余只。

2. 黑颈鹤。

黑颈鹤是世界上唯一一种高原鹤类，是藏族人民心目中神圣的大鸟，也是世界15种鹤中被最晚记录到的1种鹤，是俄国探险家普热尔瓦尔斯基于1876年在中国青海湖发现的。

黑颈鹤

黑颈鹤夏季在西藏繁殖，冬季迁至云贵越冬，少数还飞越喜马拉雅山至不丹越冬。近期，有人在青海西藏地区发现了此鸟的3个大种群，其总数可达200余只。

3. 丹顶鹤。

传说中的仙鹤就是丹顶鹤，它是生活在沼泽或浅水地带的一种大型涉禽，常被人冠以“湿地之神”的美称。虽然

丹顶鹤

人们常常使用“松鹤延年”一词，事实上它与生长在高山丘陵中的松树毫无缘分。

丹顶鹤象征幸福、吉祥、长寿和忠贞，在我国的文学和美术作品中屡有出现。殷商时代的墓葬中，就有鹤的形象出现在雕塑中；春秋战国时期的青铜器中，鹤体造型的礼器也已出现。道教中丹顶鹤飘逸的形象更是长寿、吉祥的象征。

丹顶鹤主要分布在东北扎龙自然保护区，迁徙至江苏盐城以及江西鄱阳湖过冬，可进行人工繁育。

4. 金雕。

金雕是珍贵猛禽，在高寒草原生态系统中具有十分重要的位置，而且数量稀少。因为金雕羽毛在国际市场价格昂贵，所以特别需要保护。

金雕

金雕成鸟的体长为76～103厘米，翼展达230多厘米，体重2～6.5千克。金雕的腿上全部披有羽毛，脚是三趾向前，一趾朝后，趾上都长着锐如狮虎的又粗又长的角质利爪，内趾和后趾上的爪则更为锐利。抓获猎物时，它的爪能够像利刃一样同时刺进猎物的要害部位，撕裂皮肉，扯破血管，甚至扭断猎物的脖子。巨大的翅膀也是它的有力武器之一，有时一翅扇将过去，就可以将猎物击倒在地。

在全世界的动物园里，没有人工繁殖过一只金雕，因为这种鸟最向往自由与爱情，它们不屑于人工凑合，甚至在动物园里以撞笼而死相抗。

5. 中华秋沙鸭。

中华秋沙鸭是第三纪冰川期后残存下来的物种，距今已有1000多万年，是我国特产稀有鸟类，属国家一级重点保护动物。中华秋沙鸭分布区域十分狭窄，数量也是极其稀少，全球目前仅存不足1000只。

中华秋沙鸭

由于中华秋沙鸭以天然树洞为巢，又有人将它称作“会上树的鸭子”。

黑龙江省伊春市带岭区碧水中华秋沙鸭自然保护区成功完成了世界首例人工繁殖秋沙鸭，填补了世界空白，目前黑龙江省共有170只中华秋沙鸭，种群数量保持较稳定。

6. 黑鹳。

黑鹳为大型涉禽，全长约100厘米。成鸟上体从头至尾包括翼羽呈黑褐色，有金属紫绿色光，颏、喉至上胸为黑褐色，下体余部纯白色，嘴、围眼为裸区，腿及脚均朱红色。

1986年，上海动物园和齐齐哈尔龙沙公园人工孵化黑鹳和育雏成功，目前，北京、哈尔滨、天津、济南、西宁、银川、兰州、合肥、杭州等动物园均有饲养，但数量不多，估计总数约为20～30只。

黑鹳

7. 白鹳。

白鹳体形修长，体长约120厘米，翅长60厘米以上；嘴长而直，可达21厘米；颈与腿亦长；身体几乎为纯白色，只肩羽、翼上呈灰黑色。

白鹳

白鹳以声求爱，雄鸟在追求雌鸟时，用上下喙当做响板，发出响亮的“嗒嗒”声，表示对雌鸟的欢迎，声音能够传到250米以外。白鹳为国家一级保护动物。

8. 黄腹角雉。

黄腹角雉全长约50（雌）～65（雄）厘米。雄鸟上体栗褐色，满布具黑缘的淡黄色圆斑，头顶黑色，具黑色或栗红色羽冠，因腹部羽毛呈皮黄色，故名“黄腹角雉”。

黄腹角雉

黄腹角雉身子粗笨，不善飞翔，胆子很小。遇到危险时，它不飞不跑，站在原地东张西望，及至发现有敌人逼近自己，就急中生智，一头钻进杂草丛中，但却把身子露在外面，好像鸵鸟一样，因此被人称作“呆鸡”。

9. 褐马鸡。

褐马鸡是一种产于中国山西庞泉沟、河北小五台山及北京门头沟的珍禽，因耳部有两个雪白的耳羽，好似长角，有人称之为角鸡或耳鸡。褐马鸡尾羽上翘后披散垂下，如同马尾，故名马鸡。

褐马鸡

马鸡属共有4种，均产于中国，即藏马鸡、白马鸡、蓝

马鸡和褐马鸡。许多动物学家建议，应把褐马鸡定为中国国鸟。褐马鸡在北京门头沟令山地区和房山西北部都有分布，且种群来自遥远的五台山，数量共50余只。

褐马鸡为国际自然保护联盟（IUCN）红皮书“濒危”级动物，也是国家一级保护动物。

10. 大鸨。

大鸨是大型陆栖鸟类，又名地鸨。大鸨雄鸟和雌鸟的体形相差悬殊，是现生鸟类中体重差别最大的种类。雄鸟体长为75～105厘米，体重为10～15千克，体形粗壮，颈长而粗，腿粗而强，连脚上的趾都十分壮大，很适于奔走。而雌鸟则体形较小，体长不足50厘米，体重不到4千克，但无论雌雄大小，大鸨都是国家一级保护鸟类。

大鸨

第四章　动物的运动和行为

在本章的内容里，我们将了解各种各样的动物，并且对他们的各种行为进行学习。

牛牛大讲堂

动物的运动方式

动物的运动方式总结起来有：

爬行——依靠肌肉舒缩或附肢的运动，把贴近地面的身体推向前进，这种运动方式称为爬行。

行走——用四肢将身体支持起来，并通过四肢的交替前伸和后蹬使整个身体向前运动，这种运动方式称为行走。

奔跑——当行走速度加快时，在某一瞬间四肢都会离开地面，身体腾空，这种运动方式称为奔跑。

跳跃——依靠后肢的弹跳，使身体腾空运动，这种运动方式叫跳跃。

问：蚯蚓的运动方式是蠕动还是爬行?

蚯蚓后端刚毛先固定身体，前端环肌收缩，纵肌舒张，前端向前变细伸长，然后前端刚毛固定身体，后端纵肌收缩，环肌舒张，后端变短变粗，向前移动。像这样不断地交替进行，使身体前进，这种运动方式称为蠕动。比如蜗牛、河蚌、蛆的运动方式也是这样。蠕动是爬行的一种特殊方式。

问：蝗虫3对足，蜈蚣许多对足，它们的运动方式是爬行吗?

蝗虫有2对翅，可飞行，后足发达可跳跃，身体贴近地面移动时称为爬行，蜈蚣有许多对足交替前伸和后蹬，使贴近地面的身体前进，躯干时常接触地面（未完全抬离地面），其运动方式是爬行，而不是行走。

问：马车车夫扬鞭使马慢跑起来时，马是在奔跑还是在行走呢?

马的四肢将身体支持起来，四肢交替前伸和后蹬使身体前进，这种运动方式是行走，而不是爬行；慢跑时，四肢未出现同时离开地面（腾空）的状态，还不是奔跑，只能叫行走。

问：袋鼠有四肢，其运动方式是行走、跳跃，还是奔跑?

袋鼠运动时，前肢未着地，靠后肢弹跳，同时离开地面而腾空，后肢未交替前伸和后蹬，这种运动方式是跳跃，而不是行走或奔跑。

动物的防御行为

动物的防御行为是动物为对付外来侵略、保卫自身的生存、或者对本族群中其他个体发出警戒而发生的行为。

鹿是山林中常见的动物，鹿的短尾所遮盖住的肛门周围是白色的，称为肛门后盾，平时感觉不到它的作用，但在遇到危险时，鹿尾的姿态和肛门后盾却有着异乎寻常的功能。当鹿发现有“敌人”靠近时，如鹿尾垂直不动，表示周围有值得注意的异常情况，然而还需要做进一步地观察，周围的鹿见此信号（平时在宁静的环境中，鹿尾总在不停地摆动着），立即警觉起来，向四周观望。一旦狼来了，就立刻逃跑，尾马上向上竖起，白色的后盾全部显露出来，这是紧急的危险警告，这时所有的鹿都把尾竖起，跟着为首的鹿跑去。

非洲猎豹快速追捕瞪羚时，瞪羚在全力奔跑一阵以后，会突然停住，马上改向一侧跑去。如果它不拐弯，仍照直跑，那么它很有可能被猎豹抓住。瞪羚虽然跑得不一定很快，但它在奔跑过程中有急转弯的特殊本领，因此它常常能从猎豹的爪下逃脱。

动物的贮食行为

动物摄取食物，从根本上说，就是为了摄取构成躯体的营养物质——各种有机物和无机物，以及进行各种生理活动所必需的能量。这是动物的摄食行为。在食物丰富时，有些动物会贮存一些食物等饥饿时再取来食用。这样的行为称为贮食行为。

蚂蚁是人们常见的动物，生活在北美及地中海一带的农蚁（又叫收获蚁），由于栖息地较干燥，食物来源很少，它们就在雨季中采集成熟的植物种子储备起来，以供干旱缺粮时充饥。农蚁中的工蚁采到坚硬的种子后先将其咬碎、运进蚁巢，放在蚁巢上层的“仓库”里。另有一些工蚁在巢内做深加工的工作，将种子嚼烂，混合上唾液，使淀粉在酶的作用下转变成糖分，最后做成香甜的饼或团子，储藏在蚁巢里，作为旱季的粮食。对于未嚼烂而发芽的种子，工蚁会将其搬到巢外的土堆上，让其生根发芽，成长起来，当它的种子成熟以后，农蚁再去收获。

美洲狮又叫山狮，是一种行动敏捷、性情温和但是稀有的猫科动物，它只生活在美国西部和西南部一些人类难以到达的荒山野林中。美洲狮最常吃的猎物是容易得到的黑尾鹿。捕到猎物后，它先饱餐一顿，然后把剩下的部分藏在树丛中，第二天再回来吃，一连数日，吃完为止。

动物的攻击行为

动物的攻击行为是指同种个体之间所发生的攻击或战斗。在动物界中，同种动物个体之间常常由于争夺食物、配偶，抢占巢区、领域而发生相互攻击或战斗。

巢区是指动物在正常生命活动中所利用的地方，如觅食、活动、休息、筑巢、育幼等活动的区域，这个区域的范围较大。

绝大多数鸟类从遥远的南方返回繁殖地后，就积极地寻求异性来繁殖后代。雄鸟飞临巢区，便立刻占据一块安全、舒适、食物充足的领域来“割地称雄”，绝不许其他鸟类，尤其是同种的雄鸟再进入这块地盘。于是它站在大树尖上高声歌唱，并且冲天而起，在自己地盘上空兜着圈子飞一阵，再落到领域内，这是告诫其他鸟类“这块地盘是我的”。这样的炫耀式飞行还有招引雌鸟的特殊意义。

兽类同样要建立领域。例如，马来西亚丛林中的黑长臂猿是个头儿高，双臂发达的猿类，它过着“一夫一妻”制的生活，要养活一家老小并不容易。每天早上，它要靠喉风箱发出巨大的声音来啼叫，以表示周围4500m以内的地域是自己的领地；非洲雄狮常常在夜间重新设立疆界，因为它的气味界桩持续不了多长时间，为防止入侵者，狮子有时还要吼叫几声，这在很远的地方都可以听到，以这响亮的吼声来加强气味界桩的作用。

攻击行为有的是肉体的进攻，有的是非肉体的（如装腔作势、恐吓、驱逐等动作）。

提起兽类，人们会很自然地把它们和凶残一词联系起来。你可知道当同种兽类生活在一起时，即使在争斗中，

除了凶残的一面外，还有着共同信守的“君子协定”——这是一种姿势语言。在激烈的争斗中，弱者只要赶快跑开或趴在地上向强者求饶，强者就会饶它一命。

兽类在长期的生存竞争中，为了生存下去，进行着激烈的争斗。一般表现为不同种类间的弱肉强食，就是在同种类内也有领地之争、食物之争、繁殖季节争雌的搏斗等。但长期以来形成的适应性，使同种类间的这一争斗，总保持在一定的限度内，不致诱发成有灭绝种族之灾的大战。

非洲狮在战败时，会仰面躺下，向对方亮出柔软而易受攻击的腹部，胜利者见到这种情景，也就不再与它纠缠。得胜者从来不利用自己的有利地位去伤害对方，只要对手认输，它也就不再计较。

狼在搏斗中，谁战败了，就会侧着身子躺在地上，把自己的致命部位——咽喉部暴露在对手面前，这就意味着向对方表示屈服。

生活在北美洲的臭鼬，是用刺耳的尖叫声表示向强者屈服的。

从以上几个例证可以看出，在兽类内部，一般不会出现置对手于死地而后快的现象，战败者总是采取某种屈从的姿势或特殊的叫声来表示投降，最后一走了之。另外，兽类还有着一条天然的规矩，即母体对子代有着不言而喻的威力，所有的子代都不得和自己的双亲进行搏斗，它们对双亲是唯命是从的。如果气候恶劣、食物缺乏，幼兽即使饿死，也不能从双亲嘴里抢食，这就是非洲狮幼崽在旱灾时节，大量夭折的一个原因。

由于兽类中存在着这种“君子协定”和天然的规矩，才使得各种兽类在复杂的环境中，能继续繁衍生息下去，成为生物圈中的成员。

小小科学家

研究动物行为的方法

研究动物行为的方法可分为两类：观察法和实验法。

观察法要求观察者精确、真实、详尽、客观地反复观察，并作好观察记录。也就是说要求观察者在观察某种动物时，将这种动物的所作所为不加渲染地如实记录，即见到什么就记下什么。在研究动物行为的初期，这种观察、记录工作几乎全部由观察者去做。例如，19世纪著名的法国昆虫学家亨利·法布尔（1823—1915）是用观察法研究昆虫生活的第一位科学家，他被称为“昆虫世界的荷马”。伟大的进化论创始人查理·达尔文称赞法布尔是一个“卓越的观察家”，他研究的是活着的动物，他是在“蓝色的天空下、蝉儿的歌声中”观察和研究它们本能的最高表现。他观察每一种昆虫都花去大量的时间，如观察土蜂20年、地胆过渡变态25年、隧蜂30年、蜣螂（屎克郎）40年，最后才写成一篇材料。他是如此的认真负责，唯恐观察中出现漏洞。对当时不理解他的科学家们的议论，他采用了一种很别致的方法加以答辩。他对他的昆虫朋友们说：“来，你们一齐来，你，带刺的，还有你，长着鞘翅和甲胄的，你们都来帮我答辩解释。告诉他们，我是怎样密切地和你们生活在一起，告诉他们我是用了怎样的耐心来观察的，以及怎样谨慎地记载你们的叙述，不任意增减；无论谁，他们愿意来研究你们的话，一定会得到同样的结果。”在科技发达的今天，可以借助于照相机、录音机、摄像机等现代化手段去记录观察对象的一切，必要时可以重放、再现当时的场景，以利进一步观察研究。

实验法就是运用各种手段将行为的主体（动物）或行为的环境条件（各种有关刺激）加以改变，来分析研究动物行为的一种方法。例如，有一种泥蜂科昆虫在沙地上掘穴产卵后就将洞口封住，此后雌泥蜂会定期将幼虫所需要的食物——小毛虫，运到洞内供其食用，离开时泥蜂会将洞口再封好。有位行为专家设计了一个很巧妙的实验法对泥蜂的这种抚幼行为进行研究，他在清晨雌泥蜂“察看”每个洞穴之前，将一个洞穴中的泥蜂幼虫取出，放入另一个洞穴中，这样一来，有的洞穴中幼虫数量增加了，而另一个洞穴中却没有了幼虫。雌泥蜂发现这种新情况后，会很快地加以适应，于是运到洞穴中的食物量也会随着改变。由此可以看出雌泥蜂并不是盲目地单凭“记忆”来饲喂每个洞穴中的幼虫的，而是根据每次“察看”洞穴后所收集到的信息来决定当天应该向每个洞穴中的幼虫提供多少小毛虫。假如你在雌泥蜂清晨“察看”洞穴之后，移走它的幼虫，那么它仍会将小毛虫运入空洞穴，它的抚幼行为也不会改变。

动物行为学家通常是将上述两种方法结合起来进行行为学研究的，这就是平常说的综合法。

生物天堂

西双版纳热带雨林

西双版纳地处北回归线以南的热带北部边沿，属热带季风气候，终年温暖、阳光充足、湿润多雨，是地球北回归线沙漠带上唯一的一块绿洲，是中国热带雨林生态系统保存最完整、最典型、面积最大的地区，也是当今地球上少有的动植物基因库，被誉为地球的一大自然奇观。

其境内有国家级自然保护区360万亩，至今仍有70万亩保存完好的原始森林。西双版纳在国内外享有“植物王国”、“动物王国”、“药物王国”的美誉。1986年成立国家级自然保护区，1993年被联合国教科文组织接纳为生物圈保护区网络成员，1995年被国务院公布为全国第一个自然生态平衡的生态州。

西双版纳热带雨林自然保护区位于云南省南部西双版

纳州景洪、勐腊、勐海3县境内，总面积2420.2平方公里，它的热带雨林、南亚热带常绿阔叶林、珍稀动植物种群，以及整个森林生态都是无价之宝，是世界上唯一保存完好、连片大面积的热带森林，深受国内外瞩目。地处云南南端的西双版纳热带雨林是当今我国高纬度、高海拔地带保存最完整的热带雨林，具有全球绝无仅有的植物垂直分布“倒置”现象。

五千多种热带动植物云集在西双版纳近两万平方公里的土地上的景色，令人叹为观止。“独木成林”、“花中之王”、“空中花园”、婀娜的孔雀等等，都是大自然在西双版纳上精心绘制的美丽画卷，是不出国门就可以完全领略的热带气息。如果徘徊在西双版纳的傣族村寨，除了可以欣赏特色的民俗风情，还有葱葱郁郁的美景。

保护区内交错分布着多种类型的森林。森林植物种类繁多，板状根发育显著，木质藤本丰富，绞杀植物普遍，老茎生花现象较为突出。保护区是中国热带植物集中的遗传基因库之一，也是中国热带宝地中的珍宝。保护区内有近千种植物尚未被人们认识，植物物种之多实属罕见。如树蕨、鸡毛松、天料木等已有100多万年历史，称为植物的“活化石”；特有植物153种，如细蕊木莲、望天树、琴叶风吹楠等；稀有植物134种，如铁力木、紫薇、檀木等。这里还有一日三变的变色花、听音乐而动的“跳舞草”、能使酸味变甜味的“神秘果”。除了作为经济支柱产业的橡胶、茶叶之外，还有中草药植物920多种，新引进国外药用植物20多种，如龙血树、萝芙木等。

在莽莽苍苍的热带雨林中，生活着一个动物的王国，栖息着539种陆栖脊椎动物，约占全国陆栖脊椎动物的25%；其中鸟类429种，占全国鸟类的36%；两栖动物47种，爬行动物68种，占全国两栖爬行动物的20%以上；鱼类100种，分属18科54属，占全国总属数的40%，占总种数的27%。其中亚洲象，兀鹫、白腹黑啄木鸟、金钱豹、印支虎属世界性保护动物。以一类保护动物犀鸟为例，目前我国仅有4种，都分布在西双版纳，形状奇特、羽毛美丽，是鸟类中的珍品。此种鸟雌雄结对，从不分离，如一方不幸遇难，另一方会绝食而亡，殉情而死，有“钟情鸟”之美称。根据国务院1987年公布全国列为国家保护动物的206种中，西双版纳就有41种，占20%。

牛牛趣味集

动物奇特的运动方式

很多动物的运动方式非常有趣，虽然我们知道动物常见的运动方式有游泳、行走或飞行，但是已记录在案的动物运动方式有30多种，从蛇的游动到犰狳的滚动再到尺蠖的弓形步前行，方式各不相同，千差万别。以下是动物九种奇特的运动方式：

1. 吸血蝙蝠：飞行技术胜过轰炸机。

吸血蝙蝠

吸血蝙蝠不仅会吸血，它还拥有精确的回声定位技能，它的飞行技术胜过大多数隐形轰炸机，它能走善跑，跃过田野的速度不比你差。它们让南美洲的牲畜群头疼不已，这些牲畜是它们的猎食来源，它们叮咬吸食牲畜们的血液。蝙蝠是唯一会飞的哺乳动物。

2. 水蝇和水上飘的蜥蜴。

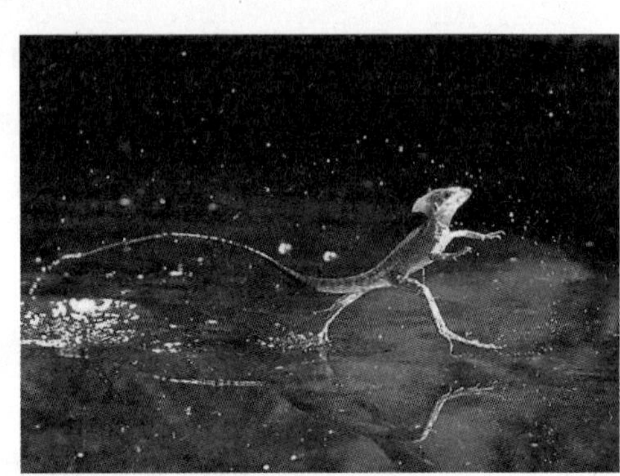
水上漂的蜥蜴

虽然人类不能在水面上行走，但很多昆虫和蜥蜴有这种本领。水蝇是水上活动的“蚂蚁”，它能携带比自身重15倍的东西在水面上跳跃而不会沉入水中。“水上漂的蜥蜴”更是名副其实，能在水上行走自如。

3. 犰狳：蜷缩成团滚动。

犰狳是唯一依靠重力形成球形铁甲团滚动的动物。纳米比轮蛛、穿山甲和蹼趾火蜥蜴也可以停下来蜷缩成团滚动。轮蛛擅长滚下沙丘来躲避天敌，穿山甲和犰狳蜷成球状经常是为了避开蛇。

犰狳

4. 飞鼠：能“飞”数英尺远 。

松鼠的机敏和灵活令人赞叹，它们能在金属丝上奔跑，能在树枝上跳跃，还能不假思索地在树上荡秋千。松鼠有180度的旋转踝窝，这让它们能在树干上倒着上上下下，而且速度不相上下。飞鼠是松鼠的亲戚，它们的皮肤里藏有“翅膀”，能“飞”数英尺远。

飞鼠

5. 鱿鱼和章鱼。

鱿鱼和章鱼通过喷气推进行走。章鱼尤其厉害，不仅能推动自己行走，还能通过它的触须和吸盘（我们相信

章鱼

这种吸盘粘在浴室墙上永远不会脱落）四下游动。它还能改变颜色、形状、大小（即使600磅的大家伙），当然，它还能喷射墨汁逃生。

有时，它们不喜欢被打扰。鱿鱼和章鱼都是非常聪明敏感的动物，有人认为它们比海豚更聪明，可能甚至有语法概念。你可能会对餐席上的章鱼或鱿鱼寿司另眼相看了。

6. 熊、长颈鹿和骆驼。

骆驼

与大多数动物相比，熊、长颈鹿和骆驼等动物的步伐和步态有些特别。与大多数哺乳动物和几乎所有的有蹄动物如马、羊和牛的行走方式不同，它们行走时一侧的前后肢向前挪动而另一侧的前后肢着地。虽然它们走路的样子难看，但是，它们经常奔跑速度飞快。当然，马通过训练也可能学会这种行走方式。

7. 大多数动物用“臂”行走。

不管是猴子和猩猩选择树枝之间的臂行法，还是很多海豹擅长用肩膀拖着自己走，很多动物喜欢使用它们强健的臂膀走路而不是它们还不太发达的腿。当然，翼、鳍状肢和鳍都与臂和手的进化有关。如果你从进化的观点考虑臂行法、飞行和游泳的话，你就会发现，从鸟类到鲸鱼再到海狮和鱼，大多数动物依靠“臂”行走。

大多数动物用“臂”行走

8. 尺蠖：弓形步前行。

可爱的尺蠖就是尺蠖毛虫。如果你有过看到尺蠖露出孩子般灿烂笑脸的经历，你就知道观察尺蠖是多么有趣。不幸的是，它们古怪的行动方式也容易引起鸟儿们的注意。

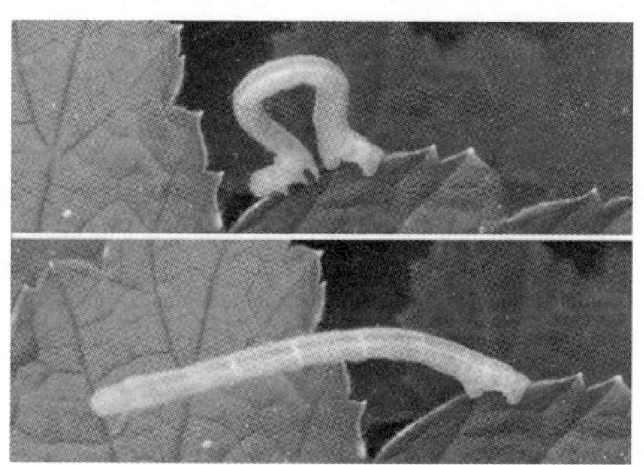
弓形步前进的尺蠖

蜂 舞

卡尔·洪·佛烈希教授是世界知名的生物学家和养蜂人。40多年前，他用涂蜜的纸做蜜蜂训练实验时发现，只要有一只蜜蜂发现了这个蜜源，很快就会有许多、甚至几百只蜜蜂飞来。这些蜜蜂全是从第一只采食蜂的蜂箱中飞来的，很明显是这只蜂在“家”里宣告了蜜源的发现。为了弄清楚真相，他制作了一个巢脾靠在一侧的蜂箱，并在外面装上了玻璃，以便进行观察。

为研究第一只发现蜜源的采食蜂的行为，他在蜂箱附近放上一碟糖浆。当第一只蜜蜂飞来取食时，他在蜜蜂身上用颜色点上了记号，当这只蜜蜂飞回蜂箱后，它要做的第一件事就是把大部分糖浆交给别的蜜蜂，然后跳起了佛烈希教授称之为“圆形舞”的舞蹈。它在一个地方转圆圈，一次向左转，即逆时针方向（见上图的实线部分）， 一次向右转，即顺时针方向（见上图的虚线部分），并且是十分用力地重复许多次。约半分钟后换到另外的地方，继续跳这个圆形舞，最后它总是要回到蜜源处再去吸糖浆。

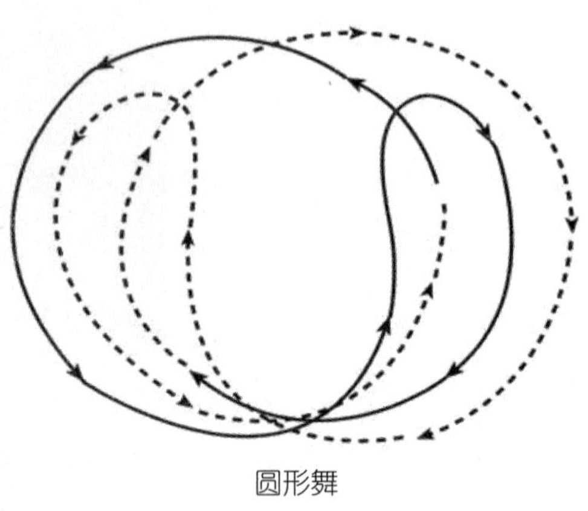
圆形舞

当采食蜂跳舞的时候，靠近它的蜜蜂变得极为兴奋。它转圆圈时，有成群的蜂跟在后面，并把触角伸近它的身体。忽然间其中一只蜂转身离开蜂箱，其他蜜蜂也一只跟一只的转身飞离蜂箱，奔向蜜源。这些蜜蜂吸了糖浆返回蜂箱后，也跳起“圆形舞”。这样一来，在蜂箱内跳舞的蜜蜂愈多，出现在蜜源处的蜜蜂也就愈多。很显然，蜜蜂在蜂箱里的舞蹈，是在报告什么地方有食物。

佛烈希教授在蜂箱附近的东、南、西、北四个方位上都放上了同样盛糖浆的碟子，结果采食蜂在蜂箱里开始跳“圆形舞”。几分钟后，新的采食蜂同时出现在所有的糖浆碟上，这说明“圆形舞”只是通知同伴说：“飞出去到蜂箱附近找去。”并没有说到哪个方位上去找。

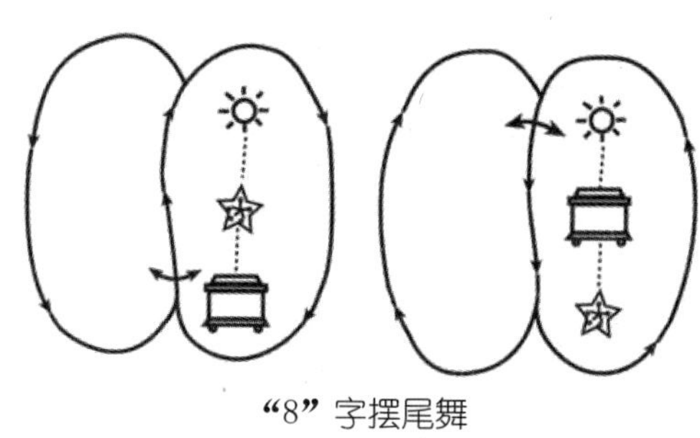
“8”字摆尾舞

佛烈希教授在距蜂箱10m及300m的两个地方给食时，发现在10m给食处加上记号的蜜蜂，回巢后跳“圆形舞”，而从更远的给食处回来的蜜蜂，却跳着另一种完全不同的舞蹈。它们先作短距离的直线奔跑，腹部也迅速的左右摇摆，然后向左转一个360°大弯，再向前直跑，然后又向右转一个360°大弯，这样反复几次。他称这种舞蹈为摇摆舞（即“8”字摆尾舞）。

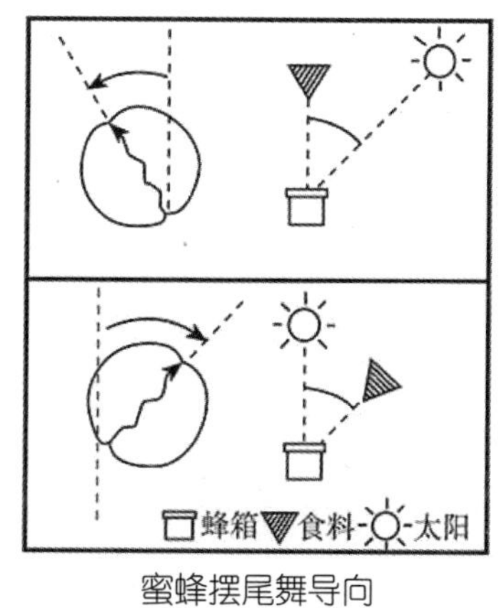

蜜蜂摆尾舞导向

摆尾舞不但宣布远处有丰富的食物，而且通知食物距蜂箱有多远。经3885次观察的结果表明，距离是以在一定时间（15s）内转身次数的多少来精确地指示出的。从100m处取食回来的舞蹈

蜂，在15s内舞了9～10个整圈；200m处是7圈；1000m处是4圈半；而6000m处则只有2圈。可见，蜜源距离近，舞蹈圈数多，距离越远，圈数越少。如果有风，并且采蜜的方向是逆风，蜜蜂舞蹈速度减慢，顺风时则加快。

实验证明，蜜蜂在表演摆尾舞时，能以太阳为准，指示出取食的方向。当太阳和蜜源在同一方向时，蜜蜂在摆尾舞的直跑中头朝上。当太阳在蜜源相反方向时，则头朝下跑。当蜜源在太阳左边时，蜜蜂舞蹈的直跑线与地球引力线成逆时针方向的角度。当蜜源在太阳的右边时，蜜蜂舞蹈的直跑线在地球引力线的右边成顺时针方向的角度。

在信息传递活动中，另外一种信息的来源是花的香味。有迹象表明，这些气味黏着在蜜蜂躯体富有蜡性的表皮层上。在侦察蜂跳舞的过程中，其他的工蜂有充分的机会闻到那种香味，随后当它在田间“寻找”时，就会有选择地对这种气味作出反应。有些科学家认为这样的传达方法可能和舞蹈本身一样有效。

第五章　丰富多彩的植物世界

在人类居住的地球上，从热带到寒带，从荒无人烟的岛屿到冰雪覆盖的高山，从浩瀚的海洋到干旱少雨的沙漠，到处都有植物的踪迹。植物种类繁多，现已知道全世界约有50万种。它们不仅以绿叶和鲜花美化了大自然，而且还为人类提供了取之不尽用之不竭的宝贵资源。

植物是自然界第一生产力。它通过光合作用，把太阳能转化为化学能，并贮藏起来。植物光合作用合成的有机物，是人类赖以生存的最根本的食物来源；植物生产的棉花和麻类等，是人类制作衣服的原料；人类使用的煤和石油等燃料，也是植物很久很久以前光合作用的产物。因此，人类的衣、食、住、行都离不开植物。此外，植物在维护地球生态环境和物质循环中，也起着重要作用；在解决当今世界面临的能源危机、环境污染、食物短缺等重大问题上，也将大显身手。

牛牛大讲堂

给植物分类

植物分类学是一门主要研究整个植物界不同类群的起源、亲缘关系，以及进化发展规律的一门基础学科。也就是把纷繁复杂的植物界分门别类一直鉴别到种，并按系统排列起来，以便于人们认识和利用植物。

现在生存在地球上的植物估计有50万种以上（种子植物250000种左右）。要对数目如此众多，彼此又千差万别的植物进行研究，第一步必须先根据它们的自然性质，由粗到细、由表及里地进行分门别类，否则便无从下手。

植物依据不同的分类方式可分为不同的类型。依据营养来源的不同分为自养型和异养型，依据是否形成种子分为孢子植物和种子植物，还可依据种子结构、主要特征进行分类。现介绍如下：

1. 自养植物与异养植物。

根据生命活动所需有机物来源的不同进行分类，能自己合成有机物的是自养型植物，依赖于现成有机物的是异养植物。常见类型及代表如下表所示：

类型	自养植物	异养植物			
	绿色植物	寄生植物	腐生植物	食虫植物	食菌植物
常见代表	孢子植物和种子植物	菟丝子	腐生龙胆、苁蓉	猪笼草	天麻

2. 孢子植物与种子植物。

植物依据能否形成种子可分为孢子植物和种子植物。孢子植物又可分为藻类、苔藓、蕨类，均通过孢子进行生殖，进化顺序由低到高依次为藻类→苔藓→蕨类。种子植物对陆地的适应能力很强，依据种子外面有无果皮包被可分为被子植物（有果皮）和裸子植物（无果皮）。不同类型植物的常见代表及其主要特征、生物学意义见下表：

类型	常见植物	主要特征
藻类植物	衣藻、水绵、海带、紫菜	大都生活在水中，无根、茎、叶等器官分化。
苔藓植物	墙藓、葫芦藓、地钱	大多生活在阴湿环境中，植株矮小，有茎、叶分化，有假根；无输导组织，叶片仅有一层细胞。
蕨类植物	蕨、肾蕨、卷柏、满江红	生活在阴湿环境中，有根、茎、叶的分化；根、茎、叶中均有专门的输导组织，因此可以长高。
裸子植物	松、杉、柏、苏铁、银杏	种子裸露，无果皮包被，易受昆虫叮咬及不良因素的危害；对陆地环境的适应能力比孢子植物强，比被子植物弱。
被子植物	玉米、水稻、菊、牡丹、苹果、梨、刺槐	种子不裸露，有果皮包被；种子免受昆虫叮咬及不良因素的危害；是对陆地环境的适应能力最强的绿色植物。

3. 被子植物中的常见类型。

被子植物的种子由种皮、胚和胚乳构成。其中，胚由子叶、胚芽、胚轴和胚根组成。有的种子有胚乳，有的种子无胚乳。主要类型有：

类型	常见代表	相同点	不同点	
			子叶	胚乳
双子叶无胚乳	菜豆、荠菜、花生	都有种皮和胚，胚都由胚芽、胚轴、胚根和子叶构成。	两片	无
双子叶有胚乳	蓖麻、莲、荞麦、胡萝卜、苋菜、柿		两片	有
单子叶无胚乳	慈姑、泽泻、眼子菜		一片	无
单子叶有胚乳	玉米、小麦、水稻、高粱		一片	有

千奇百怪的树

在印度有一种奇特的电树，如果人们从树旁经过，一不小心碰到了它的枝条，便会被电打得很难受。经科学家研究发现，原来这种树具有发电和蓄电的本领，并且蓄电量和电压随着时间变化而变化。中午，太阳光最强，温度最高，它的蓄电量最大，电压也最高；而到了午夜，它的蓄电量最小，电压也最低。

在非洲北部生长着一种奇怪的“炸弹树”，它结出的果实有椰子那么大，非常坚硬，呈金黄色。成熟后往往会突然爆炸，碎壳可以飞出20多米远，其威力不亚于手榴弹，不少鸟儿在啄果时被炸死。

在南美洲秘鲁南部山区有一种奇异的树，它的样子很像棕榈树，当地居民叫它“捕鸟树”。这种树的叶片很大，上面长满了又尖又硬的刺。鸟儿不知这些尖刺的厉害，当落到树上休息时，就会被刺伤或刺死。

在印度尼西亚的森林里，有一种能将飞鸟弹死的树，当地人叫它“弹树”。这种树的树枝非常奇特，是一种带钩的弯枝，钩尖倒钩于另一枝的枝杈上，随着树木的生长，钩尖被枝条所牵拉而成为“弓上弦”的状态。当飞鸟稍加触动时，枝条便脱钩弹出，往往将鸟打得头破血流或伤肢断翼，有时会立即死亡。

在马来西亚有一种奇妙的树，它在凌晨3点整开花，而到了次日下午4点整落瓣，从来不提前或推迟，非常准时，如同报时的“钟表”，因此被人们誉为“报时树”。

在我国黑龙江省和吉林省交界的地方，生长着一种能产盐的奇树，人们叫它“木盐树”。每到夏季，树干上凝结一层雪白的盐霜。若用刀子轻轻把它刮下来食用，其质量可与上等精盐相媲美。

在我国新疆南部孔雀河和塔里木河汇合处的铁干里克，生长着一种名叫异叶杨的树，在树皮上，每年都可产出很多苏打（碳酸钠），故人们又称它为“苏打树”。

在东南亚和我国西双版纳、海南岛一带，生长着一种油瓜树，结出的油瓜有西瓜那么大，一棵树可结出100～200个。一个瓜里有6～8粒种子，种仁含油量高达70%，一粒种子可榨一两多油。这种油有杏仁味，是高级食用油。把种子用火烤一烤，吃起来有猪油味，所以人们叫它“猪油果”。

苔藓植物

苔藓植物分布极广，除了沙漠和海水中没有发现以外，无论在热带、温带，还是在寒冷的地区都能够生存，甚至在南极洲和格陵兰北部地区都发现了苔藓植物。苔藓植物广泛地分布在森林、沼泽和其他阴湿的地方。在适宜的环境里，它们生长得特别茂盛，有时可以遍布大片的地方，形成广大的苔原。苔原也叫做冻原，是指分布在极地附近或高山处的无林沼泽型植被。苔原的主要植物是苔藓和地衣，此外还有一些种类不多的多年生草本植物和一些矮小的灌木。苔原主要分布在欧亚大陆北部和北美洲，局部出现在树木线以上的高山地区。

大多数苔藓植物具有一定的生态习性，有泥生的（如葫芦藓、地钱）、水生的（如钱苔等）、附生的（附着在常绿阔叶树的枝干上，如悬藓等）、石生的（着生在光滑的岩面上，如黑藓等）。

苔藓植物在自然界中的作用主要表现在以下几个方面。

1.苔藓植物是自然界的拓荒者。许多苔藓植物都能够分泌一种液体，这种液体可以缓慢地溶解岩石表面，加速岩石的风化，促成土壤的形成，所以苔藓植物也是其他植物生长的开路先锋。

2.苔藓植物能够促使沼泽陆地化。泥炭藓、湿原藓等极耐水湿的苔藓植物，在湖泊和沼泽地带生长繁殖，它们的衰老的植物体或植物体的下部，逐渐死亡和腐烂，并沉降到水底，时间久了，植物遗体就会越积越多，从而使苔藓植物不断地向湖泊和沼泽的中心发展，湖泊和沼泽的净水面积不断地缩小，湖底逐渐抬高，最后，湖泊和沼泽就变成了陆地。

3.苔藓植物的指示作用。许多种苔藓植物可以作为土壤酸碱度的指示植物，像生长着白发藓、大金发藓的土壤是酸性的土壤，生长着墙藓的土壤是碱性土壤。近年来，人们把苔藓植物当做大气污染的监测植物。例如，尖叶提灯藓和鳞叶藓对大气中的SO_2特别敏感。

4.苔藓植物具有保持水土的作用。群集生长和垫状生长的苔藓植物，植株之间的空隙很多。因此，它们具有良好的保持土壤和贮蓄水分的作用。有些苔藓植物本身，还有贮藏大量水分的功能，像泥炭藓叶中大型的贮水细胞，可以吸收高达本身重量20倍的水分。

蕨类植物

蕨类植物是植物中主要的一类，是高等植物中比较低级的一门，也是最原始的维管植物。

蕨类植物

蕨类植物大都为草本，少数为木本。蕨类植物孢子体发达，有根、茎、叶之分，不具花，以孢子繁殖，世代交替明显，无性世代占优势。通常可分为水韭、松叶蕨、石松、木贼和真蕨五纲，共约12000种，大多分布于长江以南各省区。多数蕨类植物可供食用（如蕨）、药用（如贯众）或工业用（如石松）。

蕨类植物的孢子体远比配子体发达，并且有根、茎、叶的分化和由较原始的维管组织构成的输导系统，这些特征又和苔藓植物不同。蕨类植物产生孢子，不产生种子，则有别于种子植物。蕨类植物的孢子体和配子体都能独立生活，这点和苔藓植物及种子植物均不相同。总之，蕨类植物是介于苔藓植物和种子植物之间的一个大类群。除热带树蕨外，大多数蕨类植物是生于山区的多年生草本，在经济上有多种用途，介绍如下：

1. 药用。

蕨类植物中，有许多种类自古以来就被广泛地用于医药上，为人民治疗各种疾病。如杉蔓石松能祛风湿、舒筋活血；节节草能治化脓性骨髓炎；乌蕨可治菌痢、急性肠炎；长柄石韦可治急、慢性肾炎，肾盂肾炎等；绵马鳞毛蕨和其许多近亲种可治牛羊的肝蛭病等。

2. 食用。

蕨类植物可供食用的种类也多，如在幼嫩时可做菜蔬的有蕨菜、毛蕨、菜蕨、紫萁等，不但鲜时做菜用，亦可加工成干菜，以供食用；许多蕨类植物的地下根状茎，含有大量淀粉，可酿酒或供食用，如食用观音座莲，其地下茎之重，可达二、三十公斤。另外，我国亚热带地区（云南、广东、广西、台湾）的山林中，产多种高大的树蕨，如桫椤树，其圆柱状的树干内含有一种胶质物，可供食用，其树干磨光后呈现出美丽的花纹，可做装饰品，干部的厚壁组织细长而坚牢，韧如钢丝，能编织各种篮筐和斗笠。

3. 绿肥和饲料用。

水田或池塘中的满江红是一种水生蕨类植物，它通过与蓝藻的共生作用，能从空气中吸取和积累大量的氮，成为一种良好的绿肥植物与家畜家禽的饲料植物。

4. 指示植物。

蕨类植物，对外界自然条件的反应具有高度的敏感性。且不同的种属，其生存所要求的生态环境条件也不同。如石蕨、肿足蕨。粉背蕨、石韦、瓦韦等属（少数例外）生于石灰岩或钙性土壤上；鳞毛蕨、复叶耳蕨、线蕨等属生于酸性土壤上；有的耐旱性强，适宜较干旱的环境，如旱蕨、粉背蕨等；相反地，有的只能生于潮湿或沼泽地区，如沼泽蕨、绒紫萁。因此，生长的某种蕨类植物，可以标志所在地的地质、岩石和土壤的种类、理化性质、肥沃性以及光度和空气中的湿度等，借此判断土壤与森林的不同发育阶段，有助于森林更新和抚育工作。其次，蕨类植物的不同种类，可以反映出所在地的气候变化情况，借此可以划分不同的气候区，有利于发展农、林、牧，提高产量，如生长着桫椤树、地耳蕨、巢蕨的地区，标志着热带和亚热带气候，宜于栽培橡胶树、金鸡纳等植物；生长刺桫椤树的地区，标志着南温带气候，其绝对最低温度经常在冰点以上。另外，生长石松的地方，一般与铝矿有密切关系。

小知识链接

不同的植物种类要求不同的生长环境，有的适应幅度较大，有的较小，后者只有在满足了它对环境条件的要求下，才能够生存下去，这种植物相对地指示着当地的环境条件，叫做指示植物。

5. 绿化和观赏用。

有不少种类的蕨类植物，由于具有独特、美观、整雅、别致等体形和无性繁殖能力强的特点，可作盆景，绿化庭园和住宅。有些藤本种类，还可制作各种编织品。

裸子植物

裸子植物是地球上最早用种子进行有性繁殖的，在此之前出现的藻类和蕨类则都是以孢子进行有性生殖的。裸子植物的优越性主要表现在用种子繁殖上。裸子植物，具有颈卵器，既属颈卵器植物，又是能产生种子的种子植物。因为它们的胚珠外面没有子房壁包被，不形成果皮，种子是裸露的，故称裸子植物。

裸子植物出现于古生代，中生代最为繁盛，后来由于地史的变化，逐渐衰退。现代裸子植物约有800种，隶属5纲，即苏铁纲、银杏纲、松柏纲、红豆杉纲和买麻藤纲，9目，12科，71属。我国有5纲，8目，11科，41属，236种及一些变种和栽培种。

裸子植物很多为重要林木，尤其在北半球，大的森林80%以上是裸子植物，如落叶松、冷杉、华山松、云杉等。多种木材质轻、强度大、不弯、富弹性，是很好的建筑、车船、造纸用材。

裸子植物是原始的种子植物，其发生发展历史悠久。据统计，目前全世界生存的裸子植物约有850种，隶属于79属和15科，其种数虽仅为被子植物种数的0.36%，但却分布于世界各地，特别是在北半球的寒温带和亚热带的中山至高山带常组成大面积的各类针叶林。

被子植物

被子植物又名开花植物或有花植物，在分类学上常称为被子植物门。是植物界最高级的一类，是地球上最完善、出现得最晚的植物，自新生代以来，它们在地球上占着绝对优势。现已知的被子植物共1万多属，约20多万种，占植物界的一半，中国有2700多属，约3万种。被子植物能有如此众多的种类，有极其广泛的适应性，这和它的结构复杂化、完善化是分不开的，特别是生殖器官的结构和生殖过程的特点，提供了它适应、抵御各种环境的内在条件，使它在生存竞争、自然选择的矛盾斗争过程中，不断产生新的变异，产生新的物种。

被子植物的习性、形态和大小差别很大，从极微小的青浮草到巨大的乔木桉树。大多数直立生长，但也有缠绕、匍匐或靠其他植物的机械支持而生长的。多含叶绿素，自己制造养料，但也有营腐生和寄生的。有几个科的植物是肉食的，如猪笼草科植物以昆虫和其他小动物为食物。许多是木本的（乔木和灌木），但多为草本，草本被子植物比木本具有更进化的特征。多为异花传粉，少数自花传粉。

生物天堂

国宝水杉

1943年，植物学家王战教授在四川万县磨刀溪路旁发现了三棵从未见到过的奇异树木，其中最大的一棵高达33米，胸围2米。当时谁也不认识它，甚至不知道它应该属于哪一属，哪一科。一直到1946年，由我国著名植物分类学家胡先骕（sù）和树木学家郑万钧共同研究，才证实它就是亿万年前在地球大陆生存过的水杉。从此，植物分类学中就单独添进了一个水杉属、水杉种。

国宝——水杉

一亿多年前，当时地球的气候十分温暖，水杉已在北极地带生长，后来逐渐南移到欧、亚和北美洲，到第四纪时，地球发生大量冰川，各洲的水杉相继灭绝，而只在我国华中一小块地方幸存下来。被誉为植物界的“活化石”！1943年以前，科学家只是在中生代白垩纪的地层中发现过它的化石，自从在我国发现仍然生存的水杉以后，曾引起世界的震动！目前已有50多个国家先后从我国引种栽培，几乎遍及全球！我国从辽宁到广东的广大范围内，都有它的踪迹。

水杉是一种落叶大乔木，其树干通直挺拔，枝子向侧面斜伸出去，全树犹如一座宝塔。它的枝叶扶疏，树形秀丽，既古朴典雅，又肃穆端庄，树皮呈赤褐色，叶子细长，很扁，向下垂着，入秋以后便脱落。水杉不仅是著名的观赏树木，同时也是荒山造林的良好树种，它的适应力很强，生长极为迅速，在幼龄阶段，每年可长高1米以上。水杉的经济价值很高，其心材紫红，材质细密轻软，是造船、建筑、桥梁、农具和家具的良材，同时还是质地优良的造纸原料。

蜚声国际的“中国鸽子树”

1869年，一位法国神父在四川省穆坪看到了一种奇特的树木。时值开花季节，树上那一对对白色花朵躲在碧玉般的绿叶中，随风摇动，远远望去，仿佛是一群白鸽躲在枝头，摆动着可爱的翅膀。当时，他被这种奇景迷住了。自此以后，便引来欧洲许多植物学家，他

鸽子树的花

们不畏艰险，深入到四川、湖北等地进行考察。1903年首先引种至英国，后又传至其他国家，从此，便成为欧洲的重要观赏树木，被赞誉为“中国鸽子树”。这就是我国特产的珙桐。现在人们习惯称它为“鸽子树”了。据说国际城市日内瓦，家家都种有珙桐树，可见人们对它的珍爱。

鸽子树是一种落叶乔木，高可达20米，枝干平滑。其叶片很大，为阔卵形，边缘有许多锯齿。它的花序是球形的，上面聚集着许多小花。那被赞赏的仿佛鸽子翅膀似的美丽花朵，其实是它的苞片，就长在花序的基部。

关于鸽子树，流传着许多美丽动人的传说。据说，汉代王昭君出塞以后，嫁于匈奴的呼韩邪单于。她日夜思念故乡，写下了一封家书，托白鸽为她送去，白鸽不停地飞翔，越过了千山万水，终于在一个寒冷的夜晚飞到了昭君故里附近的万朝山下，但经过长途飞行，它们已经万分疲倦，便在一棵大珙桐树上停下来，立时，被冻僵在枝头，化成美丽洁白的花朵……

鸽子树之所以珍贵，还由于她是植物界中著名的“活化石”之一，植物界中的“大熊猫”。早在二、三万年前第四纪冰川时期过后，地球上很多树种都灭绝了，我国南方一些地区，由于地形复杂，在局部地方保留下一些古老的植物，珙桐就是那时幸存下来的。现在在湖北的神农架、贵州的梵净山、四川的峨眉山、湖南的张家界和天平山以及云南省西北部，可以看到零星的或小片的天然林木。它们大都生长在海拔1200–2500米的山地。在分布区内常常可以看到高达30米、直径1米、树龄在百年以上的大树。为了保护这一古老的孑遗植物，它被国家列为一类保护树种，并把分布区划为国家的自然保护区。

为什么说铁树不容易开花？

铁树，又称苏铁，是一种美丽的观赏植物，也是一种古老的裸子植物。它树形美观，四季常青，一根主茎拔地而起。四周没有分枝，所有的叶片都集中生长在茎干顶端。铁树叶大而坚挺，形状像传说中的凤凰尾巴。为此，人们又把铁树称为“凤尾蕉”。铁树一般在夏天开花，它的花有雌花和雄花两种，一株植物上只能开一种花。这两种花的形状大不相同：雄花很大，好像一个巨大的玉米芯，刚开花时呈鲜黄色，成熟后渐渐变成褐色；而雌花却像一个大绒球，最初是灰绿色，以后也会变成褐色。由于铁树的花并不艳丽醒目，而且模样又与众不同，不熟悉的人大多视而不见。这也许是人们觉得铁树开花十分罕见的一个原因。铁

铁树

树的老家在热带、亚热带地区，它天性喜热怕冷。在我国云南、广东等地，铁树开花是正常的现象，不足为奇。

牛牛趣味集

会捕虫的植物

猪笼草是大家较熟悉的高级食虫植物，也是最有代表性的食虫植物。它是半木质性的蔓生植物，一般高约3米左右。叶子互生，叶柄扁平，叶片宽大，叶片的尖端延伸出细而长的叶梗，叶梗末端膨大而成捕虫袋，其形状很像猪笼，所以人们叫它猪笼草。捕虫袋即猪笼草的捕虫武器，看上去犹如一个个“小瓶子”挂在植株上，因此猪笼草也是一种瓶状植物。

会捕虫的草 ——猪笼草

有趣的是，猪笼草的捕虫袋有各种奇异的形状，有喇叭状的，有圆筒状的，还有卵形的。袋口十分光滑，上方还有一个盖子，平时盖子是半开着的，以便让昆虫钻进去。猪笼草的捕虫袋不仅形状多样，而且颜色也各异，有绿的，有红的，有玫瑰色的，有的还镶嵌着紫色的斑点，如同鲜花一样鲜艳美丽，以此来招引昆虫。同时，在袋口和盖子上还生有蜜腺，能分泌出又香又甜的蜜汁来引诱昆虫。上当受骗的蜜蜂、苍蝇、蚂蚁等一些昆虫，以为这些袋状叶是一朵朵花儿，便飞落或爬到瓶口去吃蜜。由于袋口很滑，一不小心就滑进袋里，掉到袋底的“液池”中。此时，袋口的盖子就会自动盖上，小虫便被关在袋里。

当然，误入袋中的昆虫是不会坐以待毙的，总是千方百计想逃出去。不会飞的昆虫想爬出去，但会受到内壁上茸毛的阻挡而无法逃脱；长翅膀的昆虫试图飞出去，可是也往往撞到袋壁或盖子上，再次掉进袋底“液池”里，最后因精疲力竭而被淹死在“液池”中。被困袋中的昆虫随后即被含有蛋白酶的消化液消化分解，分解出有营养价值的物质，被袋壁吸收利用。由此可见，猪笼草的捕虫袋兼有引诱昆虫、捕获猎物和消化吸收等功能。据科学家研究表明，猪笼草触袋下部有三分之一的消化腺完全浸在自身的分泌液中，这种液体有时能达到1升之多。科学家通过研究还发现，只有幼嫩的捕虫袋才能分泌消化液来消化猎物，而老的捕虫袋则丧失了分泌消化液的功能，只能依靠袋里液体中的细菌来帮助分解捕获的昆虫。

猪笼草主要分布在加里曼丹、澳大利亚、马来西亚、印度东部，以及我国的广东南部、海南岛、西双版纳等地。

猪笼草不但是很好的观赏植物，而且还有药用价值，具有清热利尿、消炎止咳的功效。现在许多国家的植物园都有人工栽培，我国华南地区的植物园和北京植物园也有栽培。

小知识链接

食虫植物是一种会捕获并消化动物而获得营养（非能量）的自养型植物。食虫植物的大部分猎物为昆虫和节肢动物。常生长于土壤贫瘠，特别是缺少氮素的地区，例如酸性的沼泽和石漠化地区。

为什么向日葵的花总是朝着太阳？

过去人们一直认为，向日葵的花盘总是朝着太阳是植物的生长素在起作用，是生长素分布在花盘和茎部的背阳部分，促进那里的细胞分裂增长，而向阳面的生长相应地慢了，于是植物就弯曲起来，葵花的花盘就这样朝着太阳打转了。然而，近年来植物生理学家发现，在葵花的花盘基

面向太阳的向日葵

部，向阳和背阳处的生长素含量基本相等。显而易见，葵花向阳就不是植物生长素在起作用了。那么，是什么原因使葵花向阳呢？有人做了实验，在温室里，用冷光（就是日光灯）代替太阳光模拟阳光方向对葵花花盘进行照射。尽管早晨从东方照来，傍晚从西方照来，葵花始终都没转动。然而，用火盆代替太阳，并把火光遮挡起来，花盘就会一反常态，不分白天黑夜，也不管东西南北，一个劲儿朝着火盆转动。由此可见，向日葵花盘的转动并不是由于光线的直接影响，而是由于阳光把向日葵花盘中的管状小花晒热了，基部的纤维会发生收缩，这一收缩就使花盘能主动转换方向来接受阳光。所以，向日葵还可以称作“向热葵”。

年轮是怎样记下年龄的？

1904年，美国学者安德鲁·埃利科特·道格拉斯在亚利桑那州一个农民家里，偶然发现了一个有趣的现象：在院子里一个大树桩的黑褐色断面上有很多一圈套着一圈的同心环纹。而且，靠近中心

记载树木年龄的年轮

的环纹之间的间隔特别狭窄，靠近外面至树皮的十一圈环纹之间间隔却比较宽。这些环纹是否与气候有关呢？道格拉斯翻阅了当地的气象资料，结果发现，在1883年之前，这儿曾发生过一次持续多年的旱灾，旱灾之后，气候倒是风调雨顺。突然，道格拉斯眼睛一亮。他想，如果树木每年长粗一圈，那以后十一年生长正常的宽环纹不正表明十一年内天气也是正常的吗！而十一年前的狭窄环纹正好与连续的大旱气候相一致，说明干旱年代树木生长缓慢，环纹也特别致密。道格拉斯的推论完全是正确的，原来这树桩正是那位农民于十年前的1894年砍掉大树后留下来的。树桩上环纹的变化规律也正好与当地的气候变化状况相符合。

从锯下的树木横断面上可以看到一圈圈环纹，现在再也不会像道格拉斯时代那样认为是什么神秘的了。然而，这些树木横断面上环纹到底是如何形成的呢？可能至今仍然有很多人不知道。原来，树木中环纹的形成与树木的不断加粗有关，而树木的加粗又是树干内“形成层”活动的结果。在树木茎干的横切面上，韧皮部与木质部之间的一层细胞壁较薄，排列整齐的细胞就叫做形成层。通过这些细胞的分裂活动，不断向外形成新的韧皮部细胞，向内形成新的木质部细胞。新形成的韧皮部细胞，加在原先形成的韧皮部的里面；新形成的木质部细胞，则加在原先形成的木质部的外面。在每年的一定时期中，形成层的细胞就要进行分裂。就这样，年复一年，由于木质部的逐渐增

厚，树木的直径也随着加粗。

但是，形成层的活动是随着气候的变化而变化的。在我国，尤其是江南一带，由于四季比较分明，春天气候温和、雨量充足，对树木的生长十分有利。这时形成层也加紧活动，细胞分裂旺盛，新分裂出的细胞又大又明显，导管既大又多，因此，木材就显得色浅而松，这叫春材或早材。入夏以后，随着气温增高，雨量相对减少，尤其是在入秋以后，天气逐渐变冷，雨量更少的情况下，形成层活动减弱，分出的细胞就较小，细胞壁也厚，导管不仅短小，而且也少，木材的颜色较深，结构致密，这叫做夏材或晚材。在一年当中，细胞和导管的这种由大到小，木材性质由松到密的过程，由于是逐渐变化的，所以看起来不十分清楚。可是，一到来年再开始重复这种变化的顺序时，界限就非常明显。我们在锯断的木头或树墩上，看到的若干色泽、质地不同的一圈圈环纹，就是每年形成层活动界限的标志，这就叫做“年轮”。

一个年轮，代表着树木一年中生长的情况。根据树木年轮的数目，可以推知树木的年龄，用来考查森林的年代。不过，应该注意的是：有时由于形成层有节奏的活动，每年也可产生几个年轮，这叫假年轮。像柑属植物，一年可产生三个年轮。所以，由年轮计算出来的树木年龄，只能是一个近似的数字。

菟丝子的寄生

菟丝子别名无根草，是植物界中特殊的类群，我们称之为全寄生植物。说它是植物，是因为它具有植物的形态、习性特征。菟丝子有根（根仅在种子萌发初期短暂的一段时期存在，种子内养分消耗完毕，就死去，或者与寄主建立了寄生关系后也立即死去）和茎，能开花，也结果实。但是菟丝子自己没有叶片，特别是全身没有叶绿素，因此无法进行光合作用，不能利用太阳光将水和二氧化碳合成为碳水化合物，所以说它是寄生性植物，而且是全寄生性植物。

全寄生性植物：没有叶绿素，没有根，维管束组织与寄主的相应部位连通，从寄主处获得水分、矿物质、碳水化合物。

菟丝子因为要从寄主那里掠夺养分，所以，对我们人类来说就属于有害生物了。中国菟丝子主要寄生草本植物，日本菟丝子主要寄生木本植物。所以我们在野外可以

绿叶中金黄色细丝状的缠绕茎就是中国菟丝子

看到日本菟丝子的缠绕茎攀缘到高大的树干上去，而中国菟丝子仅仅在草本植物上缠绕。被菟丝子缠绕、寄生的植物，如果是草本类的很快就会干枯死去，而木本植物可能会挣扎一两个年份。

在我国华北、华东、中南、西北及西南各省都有菟丝子分布，在我国南方各省，菟丝子已经成为严重危害农业生产的有害生物了。

由于菟丝子的缠绕茎与寄主的组织紧紧地连通在一起，当我们打断它的茎，而没有彻底清除与寄主相连的部分，只要有芽留存，它就会再次发育成为新的一株菟丝子，这就等于是为它进行无性繁殖了。在园林及农业生产上，我们往往先人工打断缠绕茎，再喷洒各种农药进行防治。

植物也要睡眠

很难使人相信，植物也需要睡眠，但这确是事实。花儿要睡觉，叶片也会睡眠，而且它们还有一定的睡眠姿势呢！

豆科植物的羽状复叶上的小叶片能够昼开夜合。例如有一种叫红三叶草（也叫红花苜蓿）的豆科草本植物，在阳光下，我们看到的是它的每个叶柄上的三片小叶都展开在空中。夜幕降临时，三片小叶就折叠在一起而垂下头来开始睡眠。这就是植物睡眠的典型现象。

会睡眠的当然不只是红三叶草的叶子，只要留心观察，我们到处可以看到叶子的睡眠。夏天的傍晚，合欢树那无数小羽片就成对成对地闭合，然后低下头来；含羞草的小叶闭合后也会低下头来，这些现象告诉我们，叶儿瞌睡，夜幕降临了。

不仅植物的叶子有睡眠要求，就连娇柔艳美的花朵也要睡眠。例如，在水面上绽放的睡莲花，每当旭日东升之际，它那美丽的花瓣就慢慢舒展开来，似乎刚从酣睡中苏醒，而当夕阳西下时，它又闭拢花瓣，重新进入睡眠状态。

由于它这种“昼醒晚睡”的规律性特别明显，因此人们就给它起名叫睡莲。植物不仅要睡眠，睡眠的姿势还不尽相同呢！如落花生的叶片闭合后是向上举，而红三叶草的叶片闭合后却垂向地面。植物的这种有趣现象，很早就引起了科学家们的注意。英国著名的生物学家达尔文早在100多年前经过研究就发现，一些因外力阻碍（如叶片上积聚的露水）而不能自如运动的叶片，更易遭受冻害或寒害，他断言，植物叶片的下垂或竖立，具有保护叶片免受冻害的作用。

自然吉尼斯

最奇特的树

1. 马褂木。

又称鹅掌楸。它的叶子有十几厘米长，与一般植物的叶子不同，其先端是平截的，或微微凹入，而两侧则有深深的两个裂片，极像马褂，又似鹅掌，因而得名。马褂木的花外白里黄，极为美丽。马褂木属于木兰科鹅掌楸属，生长在我国华中、华东、西南地区，因其叶形奇特，花朵美丽，故为我国著名观赏植物。

2. 光棍树。

生长在我国广东、福建一带，高七、八米，一年到头，满树都是光溜溜的绿枝，因此被称为光棍树。其实，它也不是没有叶子，只是特别小，又过早脱落，不为人所注意罢了。它的枝条是肉质的，具有白色乳汁。据分析，乳汁里含有极多的碳氢化合物，在国外被认为是最有希望的石油植物。光棍树的故乡在非洲，因那里气候干旱，因而叶子既小，脱落又早，以避免水分的散失。

3. 铜钱树。

生长在我国淮河及长江流域一带，是一种落叶乔木。高约十六、七米，叶子长卵圆形，其果实生得十分别致，有两个弯月形的膜翅相互联结，中央包围着种子，远远望去，树上仿佛吊着一串串的铜钱，风一吹，哗哗作响，因此而得名。铜钱树属于鼠李科，和我们吃的红枣是同宗兄弟。

4. 长翅膀的树。

是生长在我国秦岭山区的落叶灌木。其枝条呈绿褐色，硬而直。有趣的是，在它的小枝上从上到下生长着2–4条褐色的薄膜，其质地轻软，如同我们平常所使用的软木塞一般，是木栓质的。它在枝上的排列犹如箭尾的羽毛，又仿佛枝条四周长上了翅膀。因此，人们称它为栓翅卫矛。其枝上的栓翅有助于血液流通，具有消肿之功效。

5. 灯笼树木。

这是一种杜鹃花科的落叶灌木，生长在我国中部一带，它只有2–6米高。每当夏日，在它的枝端两侧挂着十几朵肉红色的钟形花朵，所以又称作吊钟花。灯笼树的果实在十月里成熟，椭圆形，棕色。有趣的是，它的果梗向下垂着，而先端弯曲向上，因此结的果实却是直立的。远远望去，仿佛树枝上举满了一个个的小灯笼，因此而得名。灯笼树不仅花果美丽，而且叶子入秋后变为浓红，不似枫叶，胜似枫叶，因此是极有前途的园林观赏树木。

最毒的树——“见血封喉”

在两个世纪前，爪哇有个酋长用涂有一种树的乳汁的针，刺扎“犯人”的胸部做实验，不一会儿，人窒息而死，从此这种树闻名全世界。我国给这种树取名叫“见血封喉”，形容它毒性的猛烈。

这种树又称剪刀树或箭毒木，树身高30米，产于东南亚和我国海南岛、云南等地。这种树皮破后流出的白色乳汁，有急速麻痹心脏的作用。人们把这种乳汁涂在猎兽用的箭头上，制成毒箭，中箭的兽类只要走三五步就倒毙。如果不小心让它进入眼内，眼睛顿时就失明。它的毒性远远超过有剧毒的巴豆和苦杏仁等，所以“见血封喉”是最毒的树。

见血封喉

第六章　植物的生活

在本章的内容里，我们要学习植物是如何生活的，植物的根、茎、叶、花、果实，种子在自己的岗位上默默地奉献着。植物没有脚，遇到危险不能和动物一样跑开，所以植物的一生会面临着各种的挑战，让我们一起来学习吧。

牛牛大讲堂

植物种子发芽开始了生存斗争的第一步

种子发芽要内因和外因都符合条件才行。首先，必须是活的种子才能发芽，而且还必须是通过了休眠的活种子才能发芽，如果种子还没有通过休眠期，那么一定要采取特殊措施打破其休眠。

除了上述的内在条件之外，种子能不能发芽，还依赖于外界环境条件，主要的是水分、氧气和温度，此外，有的种子发芽时还需要光照条件。条件合适，种子就发芽，不合适，就不发芽。种子发芽必须吸收一定的水分。对于水分的需要量因作物不同、品种不同亦有差异。一般说来，含淀粉和油分多的种子需水量少，含蛋白质多的种子需水量多。

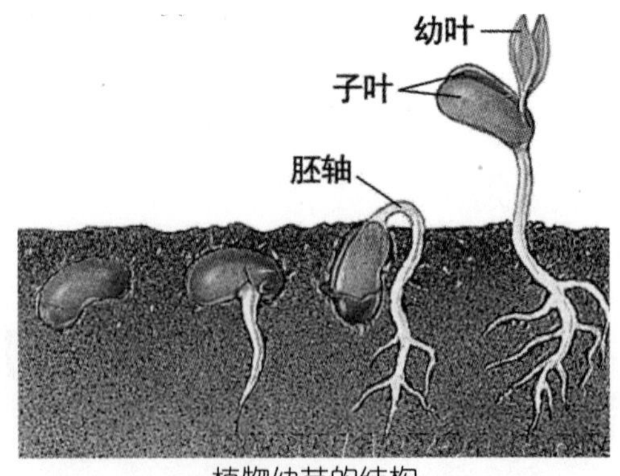

植物幼苗的结构

如禾谷类和油料种子（油菜、向日葵、大麻、亚麻等）需水量（吸收的水分占气体种子重量的百分率）都在60%以内，水稻种子发芽时需水量甚至只有23%左右，而蚕豆、豌豆等种子却超过150%。

种子的发芽过程分3个阶段：吸水膨胀、萌发和出苗。有活力的种子，受潮吸水后，开始进行呼吸、蛋白质合成以及其他代谢活动，经过一定时期，种胚突破种皮，露出胚根，这一过程称为种子的萌发。萌发是生命发展的最初阶段，是植物生长过程中最有活力的阶段。

1. 种子萌发必须有充足的水分。

干燥的种子含水量少，一般仅占种子总重量的5～10%，在这样的条件下，很多重要的生命活动是无法进行的，所以种子萌发的首要条件是吸收充分的水分，只有种子吸收了足够的水分以后，才能使生命活跃起来。

水在种子萌发过程中所起的作用是多方面的。首先，种子浸水后，坚硬的种皮吸水软化，可以使更多的氧透过种皮，进入种子内部，加强细胞呼吸和新陈代谢作用的进行，同时使二氧化碳透过种皮排出种子之外。其次，种子内贮藏的有机养料，在干燥的状态下是无法被细胞利用的，细胞里的酶物质不能在干燥的条件下行使功能，只有在细胞吸水后，各种酶才能开始活动，把贮藏的养料进行分解，使其成为溶解状态向胚运送，供胚利用。此外，胚和胚乳吸水后，增大体积，柔软的种皮在胚和胚乳的压迫下，易于破裂，为胚根、胚芽突破种皮、向外生长创造条件。

2. 种子萌发要有适宜的温度。

种子萌发时，种子内的一系列物质变化，包括胚乳或子叶内有机养料的分解，以及由有机和无机物质同化为生命的原生质，都是在各种酶的催化作用下进行的。而酶的作用需要在一定的温度条件下才能发挥，所以适宜的温度也就成了种子萌发的必要条件之一。

一般说来，一定范围内温度的提高，可以加强酶的活性，如果温度降低，酶的活性也就减弱，低于最低限度时，酶的活动几乎完全停止。酶本身又是蛋白质类物质，过高的温度会破坏酶的活性，失去催化能力。

3. 种子萌发要有足够的氧气。

种子萌发时，除水分、温度外，还要有足够的空气，这是因为种子在萌发时，种子各部分细胞的代谢活动增强，一方面，贮存在胚乳或子叶内的有机养料，在酶的催化作用下被很快地水解，运送到胚，而胚细胞利用这部分养料加以氧化分解，以取得能量，维持生命活动的进行，还把一部分养料经过同化作用，组成新细胞的原生质，所有这些活动都是需要能量的，能量的来源只能通过呼吸作用产生。所以种子的萌发，氧气就成为必要的条件之一，特别是在萌发初期，种子的呼吸作用十分旺盛，需氧量更大。作物播种前的松土，就是为种子的萌发提供呼吸所需要的氧气，所以十分重要。

为植物寻找水分和养分的植物根

一般种子植物的种子完全成熟后，经过休眠，在适合的环境下，就能萌发成幼苗，以后继续生长发育，成为具枝系和根系的成年植物。植物体上，特别是成年植物的植物体上由多种组织组成，在外形上具有显著形态特征和特定功能、易于区分的部分，称为器官。大多数成年植物在营养生长时期，整个植株可显著地分为根、茎、叶三种器官，这些担负着植物体营养生长的一类器官统称为营养器官。

根，除少数气生者外，一般是植物体生长在地面下的营养器官，土壤内的水和矿物质通过根进入植株的各个部分。它的顶端能无限地向下生长，并能发生侧向的支根（侧根），形成庞大的根系，有利于植物体的固着、吸收等作用，这也使植物体的地上部分能完善地生长，达到枝叶繁茂、花果累累。根系能控制泥沙的移动，因此，具有固定流沙、保护堤岸和防止水土流失的作用。

根是植物适应陆上生活在进化过程中逐渐形成的器官，它具有吸收、固着、输导、合成、储藏和繁殖等功能。

根的主要功能是吸收作用，它吸收土壤中的水、二氧化碳和无机盐类。植物体内所需要的物质，除一部分由叶和幼嫩的茎自空气中吸收外，大部分都是由根自土壤中取得。水为植物所必需，因为它是原生质组成的成分之一，是制造有机物的原料，是细胞膨压的维持者，为植物体内一切生理活动所必需。周围环境中水的情况，影响着植物的形态、结构和分布。二氧化碳是光合作用的原料，除去叶从空气中吸收二氧化碳外，根也从土壤中吸收溶解状态的二氧化碳或碳酸盐，以供植物光合作用的需要。无机盐类是植物生活所不可或缺的，例如硫酸盐、硝酸盐、磷酸盐以及钾、钙、镁等离子，它们溶于水，随水分一起被根吸收。

根的另一功能是固着和支持作用。可以想象，庞大的地上部分，加上风、雨、冰、雪的侵袭，而高大的树木却能巍然屹立，这就是由于植物体具有反复分枝、深入土壤的庞大根系以及根内牢固的机械组织和维管组织的共同作用。

根的另一功能是输导作用。由根毛、表皮吸收的水分和无机盐，通过根的维管组织输送到枝，而叶所制造的有机养料经过茎输送到根，再经根的维管组织输送到根的各部分，以维持根的生长和生活的需要。

根还有合成的功能。据研究，在根中能合成蛋白质所必需的多种氨基酸，合成后，能很快地运至生长的部分，用来构成蛋白质，作为形成新细胞的材料。

此外，根还有储藏和繁殖的功能。根内的薄壁组织一般较发达，常为物质贮藏之所。不少植物的根能产生不定芽，有些植物的根，在伤口处更易形成不定芽，在营养繁殖中的根扦插和造林中的森林更新，常加以利用。

根有多种用途，它可以食用、药用和作工业原料。甘薯、木薯、胡萝卜、萝卜、甜菜等皆可食用，部分也可作饲料。人参、大黄、当归、甘草、乌头、龙胆、吐根等可供药用。甜菜可作制糖原料，甘薯可制淀粉和酒精。某些乔木或藤本植物的老根，如葡萄、青风藤等的根，可雕制或扭曲加工成树根造型的工艺美术品。在自然界中，根有保护坡地、堤岸和防止水土流失的作用。

神奇的抽水机——植物的茎

茎是植物的营养器官之一，一般是组成地上部分的枝干，主要功能是输导和支持。

1. 茎的输导作用。

茎的输导作用是和它的结构紧密联系的。茎的维管组织中的木质部和韧皮部就担负着这种输导作用。被子植物茎的木质部中具有导管和管胞，能把根尖上由幼嫩的表皮和根毛从土壤中吸收的水分和无机盐运送到植物体的各部分。而在大多数的裸子植物中，管胞却是唯一输导水分和无机盐的结构。茎的韧皮部的筛管或筛胞（裸子植物），将叶的光合作用产物也运送到植物体的各个部分。

2. 茎的支持作用。

茎的支持作用也和茎的结构有着密切关系。茎内的机械组织，特别是纤维和石细胞，分布在基本组织和维管组织中，以及木质部中的导管、管胞，它们都像建筑物中的钢筋混凝土，在构成植物体的坚固有力的结构中，起着巨大的作用。另外，枝、叶、花在空间的合理安排，则有利于植物的光合作用，以及开花、传粉和果实种子的发育、成熟和传播。

茎除去输导和支持作用外，还有储藏和繁殖作用。茎的基本组织中的薄壁组织细胞往往贮存大量物质，而变态茎中，如地下茎中的根状茎（藕）、块茎（马铃薯）等的储藏物质尤为丰富，可作食品和工业原料。不少植物茎有形成不定根和不定芽的习性，可作营养繁殖。农、林和园艺工作中常用扦插、压条来繁殖苗木，便是利用茎的这种习性。

茎在经济利用上是多方面的，包括食用、药用、工业原料、木材、竹材等，为工农业以及其他方面提供了极为丰富的原材料。甘蔗、马铃薯、芋、藕、慈姑以及姜、桂皮等都是常用的食品。杜仲、合欢皮、桂枝、半夏等，都是著名的药材。其他如纤维、橡胶、生漆、软木、木材、竹材以及木材干馏制成的化工原料等，更是用途极广的工业原料。随着科学的发展，对茎的利用，特别是综合利用，将会日益广泛。

秋天植物为什么要落叶，松树为什么不落叶

一夜秋风之后，便是遍地黄叶，为什么植物会落叶呢？

早在40年代，科学家们就认为衰老是有性生殖耗尽植物营养所引起的。

秋天落叶

随着研究工作的逐步深入，现在知道，在叶片衰老过程中蛋白质含量会显著下降，RNA含量也会下降，叶片的光合作用能力降低。在电子显微镜下可以看到，叶片衰老时叶绿体被破

坏。这些生理变化和细胞学的变化过程就是衰老的基础，叶片衰老的最终结果就是落叶。

说到这里，你也许要问，为什么落叶多发生在秋天而不是春天或夏天呢?

其实，走在马路上就可以找到答案。仔细观察一下最为常见的行道树——法国梧桐。你会发现，深秋时节，大多数的梧桐叶已落尽，而靠近路灯的树上，却总还有一些绿叶在寒风中艰难地挺立着。因此我们可以得出这样的结论：影响植物落叶的因素是光而不是温度。实验证明，增加光照时间可以延缓叶片的衰老和脱落，而且用红光照射效果特别明显；反过来缩短光照时间则会促进落叶衰老和脱落。夏季一过，秋天来临，日照时间逐渐变短，是它在提醒植株——冬天来了。

经过艰苦的努力，科学家们找到了能控制叶子脱落的化学物质。它就是脱落酸，脱落酸能明显地促进落叶，这在生产上具有重要意义。在棉花的机械化收割中，碎叶片和苞片掺进棉花后严重影响了棉花的质量，因此在收割以前，人们先用脱落酸进行喷洒，让叶片和苞片完全脱落，保证了棉花的质量。还有一些激素的作用正好相反，赤霉素和细胞分裂素则能延缓叶片的衰老和脱落。

一到秋天，很多树木的叶子都要变黄枯萎，被秋风吹落到地上，只剩下光秃秃的树干，很是“凄凉”。可是松树就不同，到了严寒的冬天还穿着一身绿衣服，生气勃勃

地站在那里，挺拔又刚强，怪不得人们把松树视为坚强性格的象征哩！

松树的性格之所以这么坚强，大风吹不倒，冰雪冻不死，是它那小小的叶子立下了功劳。不知同学们观察过没有，好多树的叶子都是扁扁的平平的，长得很大。这叶子的面积越大，分布的气孔越多。可别小看这小小的气孔，它能蒸腾掉大量的水分，所以很多树木为了减少体内水分的消耗，就要把叶子落掉。松树的叶子呢，却很细很小，尖尖的像一根针似的。正因为叶子的面积小，水分的消耗也就相应地大大减少了。松树叶子细胞中的液体浓缩还能抵抗寒冷，所以，松树到了冬天都不会落叶。

但是还有很多问题依然在等待我们不断去探索，去研究。也许有一天，一夜秋风以后，推开窗户，人们见到的还是满园的绿色。

小小科学家

陆地最早的植物

现代社会已经普遍接受了这样一个描述：地球上的一切生命，以及适宜生命活动的环境本身，都是逐步进化与演化的结果。当然，当知识被肢解为题库里面的选择题时，已经失去其震慑心灵的力量，但是有关地球上生命如何呈现及展开的知识，还是值得我们花点时间去玩味，因为这方面的实证知识，有助于我们更加深切地体会生命的涵义。2003年9月，来自英国和阿曼的一组科学家报告了他们所发现的迄今最为古老的植物种子化石，为我们关于遥远过去的冥想添加了一点新鲜的真实性。

对于地球上生物进化的历史，我们可以提出很多非常有趣的问题，例如，既然现在基本认为生命早期局限在水中，那么最早来到陆地的植物是什么呢？又是什么时候呢？这对于地球上的整个生物进化史，是一个极其关键的问题。因为我们现在从别的途径可以知道，地球的大气环境并非一直和现在一样。在还没有出现生命的时候，地球的大气环境可以从火星或金星的大气环境里面找到一点点模样，可以肯定的是氧气的含量并没有现在这么高，然而从现存动物的分子生物学机制来看，欠氧的大气环境是不适于动物生存的。因此一个合理的推测就是，一定是植物率先登陆，大规模地改变了大气环境，才为动物登陆准备了适当的舞台，而恰好植物是具备这个能力的。

因此植物的登陆是地球生命进化关键的一幕，那么我们该如何去想象那一幕呢？答案主要还是由化石提供。

登陆植物之谜

最近一组以维曼为首的科学家，在阿曼的一个洞穴采集到大量植物种子化石。他们把种子从奥陶纪的沉积岩里面剥离出来之后，用特制的筛子分离出各种大小的保存完

好的种子化石。最有意思的是，从大孔里面筛选出来一种圆盘状、比一般种子大几倍的化石，通过对其仔细地研究表明，这种化石实际上是由好几个种子凝结在一起，然后由表皮包裹起来而形成的。而这种种子在比奥陶纪更后一些的年代的陆生植物化石上面，被发现是附着在完整的植株上面的。这个发现使得研究人员更加兴奋地去整理那些化石，希望除了种子以外，还能够从奥陶纪沉积岩里面找到产生这些种子的植物体本身。

当然，这个搜索整理工作目前仍在进行中，但是这些种子化石就已经足够提示我们：至少在奥陶纪，也就是在距今4.4亿年到4.7亿年之间的时候，地球上就已经出现了陆生植物。这个结论是非常令人吃惊的，因为在此之前，各种证据都表明，地球上陆生植物的出现是比这个时间晚很多的时候。

更加仔细的研究表明，在4.43亿年到4.89亿年之间，由于偶然落入沉积淤泥，然后那些沉积物顺利完成成岩过程，使得这些种子能以完好的形态保存到今天。而剩下的问题就是，现在已经发现的可能产生这种种子的植物体本身的化石的年代，相对要晚不少。例如，很大一部分种子化石并非单个种子，而是由2个种子或4个种子排列成一个整体，再由一层外膜包裹而成。这种形态的种子只在现代的某些苔藓类植物当中找得到类似者，而在植物体化石当中也能够找到类似的种子，只是那样的植物体化石最早也是属于泥盆纪早期，也就是在距今4亿年到4.17亿年之间。

所以对于这些种子到底是来自何种植物，可以有两种答案：一是这样的种子确实属于在奥陶纪就已经登陆的植物的先驱者；另一种意见认为，要得到这些种子属于陆生植物的结论还显得证据有些不足，因为我们同样可以认为这些种子来自某种水生藻类植物，而只要我们还没有从奥陶纪沉积物当中找到产生这些种子的植物体本身，就无法完全排除这些种子的水藻来源假说。

因此维曼等人的工作只能说是告诉我们，很可能至少在奥陶纪就出现了一种类似现代苔藓类的植物，它成功地离开了水体，而登上了大陆。而那个时代登陆的植物体本身，也应该有可能在沉积岩当中找到，只是那本“历史书”还没有被人类找到而已。

最终答案也许永远在明天才能揭晓，但是我们知道得越多，对于过去遥远历史的想象空间也就越带有真实性，使得我们更加笃定地建立自己对于生命以及历史的心灵感悟。

牛牛趣味集

为什么竹子开花后会死?

竹子是多年生的木质化植物，具有地上茎（竹杆）和地下茎（竹鞭）。通常情况下，竹叶制造的养分用来使竹

竹子

杆长高、长粗、长枝叶及长根，多余的养分运到竹鞭。竹鞭上的芽萌发，在土中逐渐肥大，并不屈不挠地向上顶，出土后，就是鲜嫩的竹笋，它长大后又变成郁郁葱葱的竹子。竹子一般要活十几年或几十年才开花、结籽。但是，如果遇到特殊不良环境，如干旱异常、严重的病虫害或营养不足等，竹子也会提前开花。竹子开花时，竹叶制造的所有养分都用来开花、结籽。竹子倾其所有，把所有的精华都浓缩到种子中，等开完花结完籽，竹子中贮藏的养分也耗光了，它也完成了自己的使命。

为什么说植物的种子是“大力士”？

种子在萌发过程中，充满着巨大的活力。播撒在田野里的种子，一经萌发，就万头攒动，破土而出；掉在悬崖峭壁上的种子，能排除各种障碍，啃裂石头，钻进石隙，长成一棵盘根错节的大树。可想而知，植物的种子确实是个“大力士”。曾经有人利用种子的力量来解决问题。几位生理学

种子外壳脱落，
主芽伸长。

种子的萌发

家和医生，他们为了研究骷髅头骨，想方设法要把头骨完整地分开来，但刀和锯子都没法将之切开，锤和斧则只会将它击碎。怎么办呢？后来，他们找到了一个好办法：将一些植物种子装满颅腔，然后灌进水，保持一定的温度。种子萌发了，头骨分裂成好多块，完全符合研究的要求。另外，曾经发生过一艘远洋货轮在航行途中船身断裂的事故。后来发现，这艘大轮船的舱里装满了大豆，在航行时海水渗进了船舱，大豆受水膨胀，不断往外挤，把舱挤满，结果船壳胀裂。种子的神奇力量实在令人惊叹不已。

为什么植物的种子能“无脚走遍天下”？

世界上到处都有植物的踪迹。那是因为植物的种子具有能在各地“安家”和繁育的“本事”。蒲公英的种子很轻且带绒毛，风一吹，它的果实就像一把小伞一样张开，随风把种子带到远方。这类靠风传播种子的还有柳、榆、

蒲公英的种子

白头翁等。生在海边的椰子树，椰子成熟时，坠落海边，椰子随海漂流到别的岛屿，在那里扎根生长。据统计，全世界光是靠海流传播种子的植物就约有100种。人也会被利用来帮助植物传播种子。例如我们吃水果时，把果核扔掉，里面的种子遇到适宜的条件，就会萌发，生长为果树，如苹果、梨的种子。另外，动物身上和鸟的粪便中，也都经常带着各种植物的种子。随着它们的频繁迁徙，也可以把种子带到其他的地方，如葡萄种子。当然，植物界也有不少靠自力传播种子的，如豌豆、凤仙花的种子是在果实成熟开裂后迸出，从而完成传播的。

植物的生存策略

在亿万年的进化中，那些无奈、被动，不能奔跑、也不能行走的植物，在众多的以它们为食物的动物面前却生存了下来，这能不使我们感到惊讶吗？

自然界中，大多数植物都有毒，吃得多了便会有害，有时还有可能中毒，这是生活常识。即使是最可口的水果，吃得过量也会使人倒胃口，这又是为什么呢？直到最近，科学家才弄清楚，这些有毒物质并非进化过程中带来的副产品，而是植物对抗昆虫和食草动物的一种防御手段。它们在自然生态环境平衡中起着关键作用。

有时我们会发现植物的叶子上有许多被虫咬过的痕迹。你注意过没有，那些被虫咬过的小孔都不很大。初看，还以为是小虫所为。仔细观察，才发现那些美食家个头并不小，只不过它“品尝”完一个地方马上又换一个地方。它们为什么会有这种进食方式？原来，它们吃植物时，植物不断产生一种叫抗虫酸的化学物质，而且浓度越来越大，使虫子们感到越吃越难吃，所以只好换个地方再吃。

有些野生植物，如臭牡丹，它的全身能散发出奇特的气味，使得大多数昆虫不敢或是不愿接近它，动物也从不把它当食物。可是当需要传播花粉时，它又开出沁人心脾的花，引诱多种昆虫来为自己服务。

还有一些植物，比如卷心菜，在它们遭到昆虫攻击时，不能像其他植物那样制造出足够的毒素来阻止昆虫的伤害，可它们能释放一种特殊的挥发性化学物质，引来这种昆虫的天敌，从而达到保护自己的目的。

有的植物更有意思，它们的叶面上长出许多凸起的小疙瘩（比如木芙蓉），或是紫色的叶面上杂有红、黄的小斑点（比如彩叶草），或是绿色的叶面上，点缀着许多黄色的小点（比如斑点兰），它们用这种办法来欺骗产卵的蝴蝶，让蝴蝶们以为，这儿已经产卵了，还是到别的地方去吧！

植物除了要经常对付动物们的侵害以外，还要对付病菌的进攻。当病菌进入植物时，有的植物也会发烧。比利时根特大学的植物学家发现，受花叶病病毒感染的烟草作物，烟草叶上会出现“发烧”点，其温度比周围的叶子表面高0.3～0.4℃。

动物和植物并不是天生的敌对物种，多数情况下，它们有一种互利互惠的关系。有时，它们之间还存在一种亲密无间的共生关系。在非洲，有大量的专吃植物的动物。金合欢用刺来保护自己，虽然有的动物被挡住，但长颈鹿不理会它们。于是，它们就征集了大批的蚂蚁卫兵，只要长颈鹿来咬金合欢，卫兵们就会马上倾巢而出，向长颈鹿的舌、鼻以至颈部发起进攻。长颈鹿被折腾得异常烦恼，只好离去。金合欢则在隆起的刺根部，为蚂蚁提供免费住处的同时，还在叶片的顶端为蚂蚁提供蛋白质小颗粒，作为蚂蚁幼虫的食物。作为回报，任何胆敢落脚金合欢的昆虫，也都同样会遭到蚂蚁们无情地驱赶。

可见，在自然的环境下，生命体是不会被动地受制于环境的。为了生存，植物们都有自己的一套生存策略。

第七章　有用的植物

在本章的内容里，我们跟随牛牛一起来了解一些有用的植物，当然每种植物都有它的用途，只是有些植物我们现在可能没了解到它的价值。本章介绍的也只是部分植物，更多植物的价值需要同学们去发现哦。

牛牛大讲堂

冬虫夏草

有一种奇特的中药材，它的下部像条虫，身上有环纹、腹部有八对足；它的上部却好似刚出土的小草，这就是我国特有的珍贵药材——冬虫夏草，又叫夏草冬虫或虫草。自古以来，就有不少人认为虫草冬天是虫，到了夏季就变成了草。这是怎么回事呢？生物学家经过反复观察和研究，终于揭开了其中的秘密。

原来，冬虫夏草是一种叫虫草菌的真菌（麦角菌目、虫草属），寄生在鳞翅目昆虫蝙蝠蛾幼虫身体里。立秋后，虫草菌的子囊孢子成熟散落到土中；冬天，蝙蝠蛾的幼虫躲进泥土里越冬。当虫草菌的孢子遇到蝙蝠蛾幼虫时，就伸出菌丝进入虫体内，吸收虫体的养料生长发育。菌丝繁殖蔓延，并环绕成团，形成菌核。到最后，菌核充满虫体，死幼虫只剩下一层皮。冬去春来，大地回暖，到了第二年春夏之际，由菌核从幼虫的头顶长出一根棒状的子实体，看上去酷似一棵草，因此人们叫它“冬虫夏草”。

入夏以后，子实体像雨后春笋，迅速钻出地面，亭亭玉立在植物群落之中。这个季节正是采挖虫草的好时机。6月中旬以后，子实体头部膨大，表面长出一些小球球，即子囊壳。在子囊壳里，隐藏着虫草菌的“种子”——子囊孢子。子囊孢子成熟后，子囊壳破裂，子囊孢子就从子囊

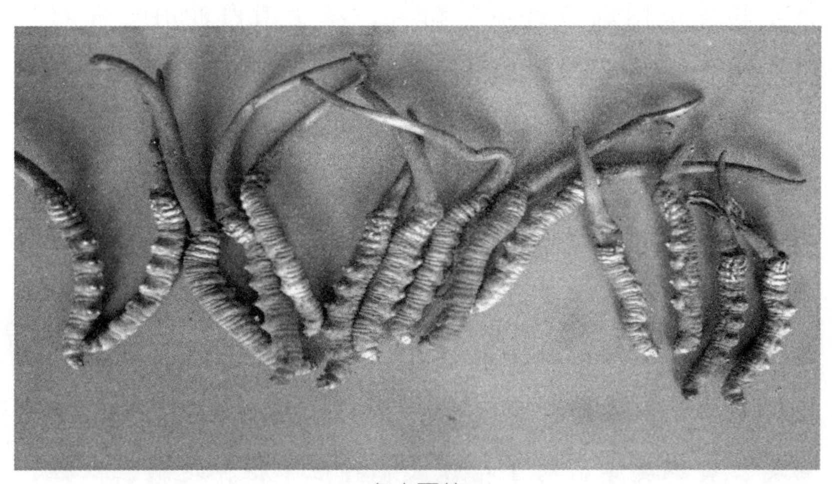

冬虫夏草

壳里弹出，随风飘落到各处，下雨时随雨水渗入到土中。当遇到蝙蝠蛾幼虫时，又长成新的冬虫夏草。

由此可见，冬虫夏草实质上是一种真菌寄生在蝙蝠蛾幼虫上而形成的昆虫和真菌两种生物的结合体。

冬虫夏草多分布在气候多变、人烟稀少、海拔4000米左右的山地或高原上，一般生长在土壤肥厚疏松、水分适中的地方。我国的青海、西藏、四川、云南、贵州、甘肃等省区都有出产，其中以青海省最多，约占全国总产量的40%以上。

冬虫夏草是名贵的药材，也是我国传统的出口商品。虫草有益肺肾、补精髓、止血化痰的功效，对治疗肺结核、年老体衰、慢性咳嗽气喘等均有较好的效果，对癌细胞也有一定的抑制作用。我国人民很早就用虫草做滋补药材，民间常以它炖鸡鸭、猪肉，有大补之功效。当今，以科学的方法制成“虫草鸡精”，深受国内外消费者的欢迎。

中药之王

人参有调气养血、安神益智、生津止咳、滋补强身的神奇功效，所以素被人们称为“神草”，被拥戴为“中药之王”。人参之所以如此神奇，是由于它含有多种皂苷以及配糖体、人参酸、甾醇类、氨基酸类、维生素类、挥发油类、黄酮类等，对于增强大脑神经中枢、延髓、心脏、脉管的活力，刺激内分泌机能以及兴奋新陈代谢等，都具有很强的医疗作用。

人参是五加科多年生草本植物。它的茎约有四、五十厘米高，叶有3-5个裂片，花很小，只有米粒般大，紫白色。药用部分主要是它的根。

中药之王——人参

中国是世界上最早产参用参的国家。中国最早的草药书《神农本草经》就已经提到了人参的名字，其后的历代名医如陶宏景、唐松敬、陈藏器、张仲景、李时珍等也都对人参作过高度评价。东北是我国人参最著名的产区，主要分布在吉林东部和长白山脉的抚松、集安、通化、临江等地，产量占全国的90%以上。

人参分为山参和园参。山参为山野自生，生长年头不限，可生长几十年至百余年不等。园参为人工栽培，由种到收约需6年以上的时间。虽然其产量不少，但药效远不及野山参佳。

根据对人参的加工方法不同又可分为红参、生晒参、白参等。红参呈深棕色，生晒参和白参的外表呈黄白色。

把刚挖出的人参经汽蒸后，灌以白糖，或用火烤后装在盖有玻璃的木匣内在日光下晒，就成为糖参和生晒参。

人参之所以如此珍贵，不仅因为它有“神功”，而且因为它很娇气，生活适应能力很差。它既怕冷，又怕晒，但又需要温暖的阳光，只能生长在温带寒冷气候有阳光斜照的山坡上，所以人参的采取和种植都十分困难。

为什么雪莲花不畏冰雪高寒？

雪莲是一种名贵中草药，生长在我国终年积雪的西北天山和西藏的墨脱一带。雪莲有不同的种类：有像洋白菜的苞叶雪莲，有植株俯伏在地上的三指雪莲。它们不畏严寒，迎风傲雪，生机勃发，人们把它视为坚韧不拔精神的象征。

雪莲花

雪莲生长在海拔4500～5000米以上的乱石滩上。这里石屑成堆、山风强劲、气候瞬息万变，又有强烈的紫外线辐射，是一般植物无法生存的。雪莲的植株矮而茎短粗，叶子贴地而生，上面还长满了白色的绒毛，可以防寒、抗风和防止紫外线的照射。雪莲的根十分发达，可有效地插入石缝中吸取水分和养料。每年7月，雪莲还开出大而艳丽的花朵。它的花冠外面长着数层膜质苞叶，用来防寒、保持水分和反射紫外线的照射。每当天气晴朗、阳光灿烂时，雪莲尽情舒展着自己的叶片和苞叶，给雪地高原带来一片生机。

蕨类植物之王——桫椤

在绿色植物王国里，蕨类植物是高等植物中较为低级的一个类群。在远古的地质时期，蕨类植物大都为高大的乔木，后来由于大陆的变迁，多数被深埋地下变为煤炭。现今生存在地球上的大部分是较矮小的草本植物，只有极少数一些木本种类幸免于难，生活至今，桫椤便是其中的一种。

蕨类植物之王——桫椤

桫椤又名树蕨，高可达8米。由于它是现今仅存的木本蕨类植物，极其珍贵，所以被国家列为一类重点保

护植物。从外观上看，桫椤有些像椰子树，其树干为圆柱形，直立而挺拔，树顶上丛生着许多大而长的羽状复叶，向四方飘垂，如果把它的叶片反转过来，背面可以看到许多星星点点的孢子囊群。孢子囊中长着许多孢子。桫椤是没有花的，当然也就不结果实，没有种子，它就是靠这些孢子来繁衍后代的。

桫椤性喜温暖湿润的气候，分布在我国云南、贵州、四川、西藏、广西、广东、台湾等地，常常生长在林下或河边、溪谷两旁的阴湿之地。70年代末，在四川西部雅安市25公里的草坝合龙乡的核桃沟里，发现了成片稀疏生长的桫椤树。它们高约3米以上，径粗30厘米，生长在溪沟两旁的阴湿环境里，和杉木、芒萁蕨、狗脊等植物同居一处。据专家介绍，雅安地区生长的桫椤，是我国桫椤分布的最北界。

桫椤也有不少用途。其茎富含淀粉，可供食用，又可制花瓶等器物。而且可入药，中药里称之为飞天蠄螃、龙骨风。微毒，可驱风湿、强筋骨，清热止咳。桫椤体态优美，是很好的庭园观赏树木。

“流血”的树

一般树木，在损伤之后，流出的树液是无色透明的。有些树木如橡胶树、牛奶树等可以流出白色的乳液，但你恐怕不知道，有些树木竟能流出“血”来。

在我国广东、台湾一带，生长着一种多年生藤本植物，叫做麒麟血藤。它通常像蛇一样缠绕在其他树木上。它的茎可以长达10余米。如果把它砍断或切开一个口子，就会有像“血”一样的树脂流出来，干后凝结成血块状。这是很珍贵的中药，称之为“血竭”或“麒麟竭”。经分析，血竭中含有鞣质、还原性糖和树脂类的物质，可治疗筋骨疼痛，并有散气、去痛、祛风、通经活血之效。

麒麟血藤属棕榈科省藤属。其叶为羽状复叶，小叶为线状披针形，上有三条纵行的脉。果实卵球形，外有光亮的黄色鳞片。除茎之外，果实也可流出血样的树脂。

无独有偶，在我国西双版纳的热带雨林中还生长着一种很普遍的树，叫龙血树。当它受伤之后，也会流出一种紫红色的树脂，把受伤部分染红，这块被染的坏死木，在中药里也称为“血竭”或“麒麟竭”，与麒麟血藤所产的“血竭”具有同样的功效。

龙血树是属于百合科的乔木。虽不太高，约10米，但树干却异常粗壮，常常可达1米左右。它那白色的长带状叶片，前端尖锐，像一把锋利的长剑，密密层层地倒插在树枝的顶端。

一般说来，单子叶植物长到一定程度之后就不能继续加粗生长了。龙血树虽属于单子叶植物，但它茎中的薄壁细胞却能不断分裂，使茎逐年加粗并木质化，而形成乔木。龙血树原产于大西洋的加那利群岛。全世界共有150

种，我国只有5种，生长在云南、海南岛、台湾等地。龙血树还是长寿的树木，最久的可达六千多岁。

健胃护齿的良药——槟榔

嚼槟榔是西双版纳傣族人民日常生活中不可缺少的嗜好，大凡上了年纪的傣族老人，闲暇时常以嚼食槟榔果为乐。傣族为什么如此喜爱槟榔呢？相传很久以前，一对傣族老两口被不孝的儿子和媳妇气出了胃病。有一天，老两口在槟榔树下编竹箩，风吹树摇，一大串成熟的槟榔果掉了下来，口干舌燥的老两口顺手摘了一颗放在嘴里嚼，觉得甘甜清凉，生津可口，略带一点涩味。到了晚上，老两口都感到胃里异常舒服，接着吃了几天槟榔果，老两口的胃病居然痊愈了。据说，从此以后，傣族有了嚼食槟榔的习惯。

美丽的槟榔

槟榔为棕榈科乔木，原产于马来西亚、印度、缅甸、越南、菲律宾等，以印度栽培最多。在植物分类学上，槟榔和油棕、贝叶棕等同属一科，但它们却形态迥异，风格不同。油棕、贝叶棕高大魁伟，枝叶修长，堪称高大英俊、潇洒雄健的伟男子；槟榔则窈窕秀气，亭亭玉立，可谓沉鱼落雁、闭月羞花的美少女。

在西双版纳，槟榔果是财富和吉祥的象征，古时候曾被人们当作货币使用，同时又是傣族青年男女的爱情信物。据说，傣族青年恋爱结婚后，小伙子一般要先到姑娘家，义务地服三年劳役，但如果在恋爱期间小伙子能够爬上高高的槟榔树采到槟榔果送给心爱的人，那就可以免去这三年劳役，并把姑娘领回家。

据科学研究表明，槟榔果还是一种常用的南药。除了像傣族民间传说中有健胃的功用外，槟榔果还是保护人体牙齿的良药。西双版纳的许多傣族老人牙齿很好，就是常食槟榔果的缘故。此外，槟榔果还能驱虫、治腹胀、祛风、消水肿等。

牛牛趣味集

比钢铁还要硬的树

你也许没有想到会有一种比钢铁还硬的树吧？这种树叫铁桦树。子弹打在这种木头上，就像打在厚钢板上一样，纹丝不动。

这种珍贵的树木，高约20米，树干直径约70厘米，寿命约300-350年。树皮呈暗红色或接近黑色，上面密布着白色斑点。树叶是椭圆形。它的产区不广，主要分布在朝鲜南部和朝鲜与中国接壤地区，苏联南部海滨一带也有一些。

铁桦树的木坚硬，比橡树硬三倍，比普通的钢硬一倍，是世界上最硬的木材，人们把它用作金属的代用品。苏联曾经用铁桦树制造滚球、轴承，用在快艇上。铁桦树还有一些奇妙的特性，由于它质地极为致密，所以一放到水里就往下沉；即使把它长期浸泡在水里，它的内部仍能保持干燥。

抗癌植物——红豆杉

红豆杉，属浅根植物，其主根不明显、侧根发达，是世界上公认的濒临灭绝的天然珍稀抗癌植物，是第四纪冰川遗留下来的古老树种，在地球上已有250万年的历史。由于在自然条件下红豆杉生长速度缓慢，再生能力差，所以很长时间以来，世界范围内还没有形成大规模的红豆杉原料林基地。中国已将其

红豆杉的果实

列为一级珍稀濒危保护植物，联合国也明令禁止采伐。

红豆杉的果实，宛如南国的相思豆，外红里艳，可以寄托人们的相思。红豆杉得名也是因为它生长着与红豆一样的果实，故得名红豆杉。

红豆杉是常绿乔木，小枝秋天变成黄绿色或淡红褐色，叶条形，雌雄异株，种子扁圆形。种子可用来榨油，也可入药。红豆杉属浅根植物，其主根不明显、侧根发达，高30m，干径达1m。叶螺旋状互生，基部扭转为二列，条形略微弯曲，长1−2.5cm，宽2−2.5mm，叶缘微反曲，叶端渐尖，叶背有2条宽黄绿色或灰绿色气孔带，中脉上密生有细小凸点，叶缘绿带极窄，雌雄异株，雄球花单生于叶腋，雌球花的胚珠单生于花轴上部侧生短轴的顶端，基部有圆盘状假种皮。种子扁卵圆形，有2棱，种卵圆形，假种皮杯状，红色。

野生红豆杉生长条件近乎苛刻，生长地域窄小，对气候条件要求严格。为什么能在乳源山区有如此茂盛的生长群落？据当地研究保护该树种多年的专家莫贻滨称，独特的地理位置环境、湿润潮湿的气候、良好的生态环境、当地群众大力保护缺一不可。大桥镇属高寒石灰岩山区，平均海拔高度达800米以上，昼夜温差达7℃，全年平均气温只有17℃，春夏季气候湿度较大，很适合红豆杉生长。

从红豆杉的树皮和树叶中提炼出来的紫杉醇对多种晚期癌症疗效突出，被称为“治疗癌症的最后一道防线”。

高纯度紫杉醇价格昂贵，每公斤200万元人民币左右。因为红豆杉生长缓慢，天然更新能力差，人工种植10亩仅能提炼1公斤1%纯度的紫杉醇。红豆杉中含有的紫杉醇，具有独特的抗癌机制和较高的抗癌活性，能阻止癌细胞的繁殖、抑制肿瘤细胞的迁移，被公认是当今天然药物领域中最重要的抗癌活性物质。据专家介绍，紫杉醇不溶于水或酒精之类溶剂，它的淬取技术非常复杂、加工程序十分严密，直接使用红豆杉树皮或根茎是不能治病的。

因为红豆杉的树皮有抗癌物质——紫杉醇，所以有许多人进入林中来剥树皮，使得红豆杉的数量急剧下降。所以我们要用行动来保护好我们的树木。

“绿色”空气过滤器

不少家庭用了天然气、液化气和管道煤气等，使居室里多少存在着一些对人体有害的气体。如何清除室内的这些有害气体呢？除经常开窗通风换气外，在室内种植一些能吸收有害气体的花卉也是一个好方法。下面介绍几种“家庭绿色空气过滤器”：

仙人掌：它的肉茎气孔在夜间会呈现张开状态，能释放出氧气，并吸收空气中对人体有害的气体，将其输送到根部，吸收利用，净化空气。

月季花：四季开花，花香扑鼻，能吸收空气中的乙醚、苯、硫化氢等有害气体，是抗空气污染的理想花卉。

吊兰：居室里放一盆吊兰，在24小时内，它的叶子便会将室内空气中的一氧化碳等有害气体“吃”掉，其效率甚至超过空气过滤器。

紫罗兰：能分泌出一种植物杀菌素，可在较短的时间内把空气中对人体有害的病菌杀死。

杜鹃：它是抗二氧化硫等污染较理想的花木。如石岩杜鹃距二氧化硫污染源300多米的地方也能正常萌芽抽枝。

木槿：它能吸收二氧化硫、氯气、氯化氢等有毒气体。它在距氟污染源150米的地方亦能正常生长。

山茶花：它能抗御二氧化硫、氯化氢、铬酸和硝酸烟雾等有害物质的侵害，对大气有净化作用。

紫薇：它对二氧化硫、氯化氢、氯气、氟化氢等有毒气体抗性较强。每公斤干叶能吸收10克左右。

天然氧吧——“森林浴”

你肯定听过海水浴、日光浴，但你也许从没听过森林浴。森林浴，其实也不是新名词。它是人类由自然环境中所能够得到的“三大健康浴”的一种。

所谓三大健康浴，一是水浴，主要在海水或温泉中获得；二是光浴，主要光源是太阳；三是大气浴，主要条件，就是森林。

森林浴是目前流行的一种健身方式。所谓森林浴，是由桑拿浴、日光浴等派生出来的一种时尚流行语。就是人们到森林中去或到绿树成荫的公园里，在那里多滞留一些时间，呼吸清新的自然空气，沐浴一下阳光，放松一下精神，同时通过适当的活动，诸如林中步行、做操、打太极拳、闭目养神、作深长呼吸或者放声歌唱……充分感受森林中的那种气息和氛围，接受一下“森林浴”的洗礼，你会真正体验到树木、花草给你带来的莫大益处。

为什么森林浴对人体健康有益呢？

树木可净化空气。当气流经过树林，空气中有部分尘埃、油烟、炭粒、铅、汞等等致病物质就被植物叶面上的绒毛、皱褶、油脂和黏液吸附了，空气因此得以净化。每公顷阔叶树林，每年可吸掉68吨尘埃。

除了净化空气，森林中许多植物还能散发出有较强杀菌能力的芳香性物质。它能杀灭空气中许多致病菌和微生物。一公亩的松或柏，在一昼夜可以挥发30公斤的杀菌素。杨树、桦树、樟树也和松柏一样，它们挥发的物质，可以杀灭结核、霍乱、赤痢、伤寒、白喉等等病原体。松树与柏树除了吸收毒气，还能吸收致癌物质。中国人自古喜欢接近松柏，或许是早有默契了。在森林里，空气中的含菌量只是无林区的1%。

此外，在安静、芬芳、优美、幽深的绿色环境中，人们的嗅觉、听觉和思维活动的灵敏性可得到增强。大森林中还含有大量的“空气维生素”——阴离子，它可以改善机体神经系统功能，促进人体新陈代谢，提高机体免疫能力，间接治疗高血压、神经衰弱、心脏病、呼吸道疾病等。

森林浴对疲劳的消除、体力的恢复以及生活节奏的平衡具有特殊的功效。目前，森林浴已作为一种治疗手段而得到推广。不少国家开设了森林医院，专门收治生活在大都市中的“文明病”患者。那些因工作压力过重而导致身心发展障碍的人，经过3～4周的森林驻留疗养，可彻底消除身心疲劳。

自然吉尼斯

世界植物油王——油棕

油棕

油棕原产热带西非，由于树形有点像椰子，所以也被人们称为“油椰子”。油棕果含油量高达50%以上，一株油棕每年可产油30–40千克，每亩产油可达100–200千克，采用优良品种，小面积一亩产油可高达600多千克。油棕亩产油量是椰子的2–3倍，是花生的

7–8倍，所以被人们誉为“世界油王”。由于油棕的油脂产量特高，且用途比较广泛，所以，近百年来热带和亚热带地区竞相引种，我国海南、广东、广西、云南等省区也于1926年开始种植油棕。

油棕油也泛称棕油或棕榈油，是一种棕红色的非干性油脂，含有大量的类胡萝卜素、维生素E和微量胆固醇，而且燃点较低，用它炸出来的土豆和方便面等食品，不仅清香酥脆，美味可口，而且能耐长期贮藏，所以热带地区人民很早以前就把它视为上等的食用油脂。经过加工提纯的油棕油，清如水，滑如脂，不仅可以药用和食用，而且是机械工业和航空运输业必不可少的高级润滑油，还是一种很好的钢铁板防锈剂和焊接剂。此外，油棕的原油还可以用来生产肥皂、香皂，油棕仁可生产酱油，油棕壳可生产活性炭。

油棕的果子特别有趣，它们总是成串地“躲藏”在坚硬且边缘有刺的叶柄里面，近似椭圆形，表皮光滑，刚长

油棕的果子

出来时是绿色或深褐色，大小如蚕豆，成熟时逐渐变成黄色或红色，比鸽卵稍大。成熟的油棕果采摘下来后，加点糖或盐用水一煮就可以直接食用，果肉油而不腻，清香爽口，但果肉中有一些比较粗糙的纤维，容易塞牙。

第八章　奇特的植物

在本章的内容里，牛牛要带你去了解一些奇特的植物，看看他们到底哪里奇特呢？让我们出发吧。

牛牛大讲堂

最奇特的结果习性——花生

陆地上的植物，几乎都在地上开花，地面上结果，唯独花生是在地上开花地面下结果，所以人们叫它落花生。

花生幼苗出土以后，经过18～25天，就开始开花。在傍晚的时候，慢慢地显露出黄色花朵，到次日晨七点钟左右，花朵开放，当天就凋萎。开花以后的第四天，它的子房柄伸长，向土下生长，大约经过50天，果实便成熟了。

花生最古怪的脾气，就是一定要在黑暗的环境里，它的果实才能长大；如果暴露在有光的空气中，它就不结果。有人曾经做过试验，如果把已经入土的果针弄出来，它再入土的能力就减弱了。假如把已经形成的小果实挖出来，它就不再钻进土，并且不能正常生长，果壳变成淡绿色，形状像橄榄。要是在果针没有钻进土壤以前，我们用不透光的东西，把结果的部分包扎起来，它也能结成果实。从以上试验证明，要使花生果实长得好，首先要给它一个黑暗的环境。

中国最高大的阔叶乔木——望天树和擎天树

在70年代我国著名的云南西双版纳热带密林中，发现了一种擎天巨树，它那秀美的姿态，高耸挺拔的树干，昂首挺立于万木之上，使人无法仰望到它的树顶，甚至灵敏的测高器在这里也无济于事。因此，人们称它为望天树。当地傣族人民称它为“伞树”。

望天树一般可高达60米左右。人们曾对一棵进行测量和分析，发现望天树生长相当快。一棵70岁的望天树，竟高达50多米，个别的甚至高达80米；胸径一般在130厘米左右，最大可到300厘米。这些世上所罕见的巨树，棵棵耸立于沟谷雨林的上层，一般要高出第二层乔木20多米，真有直通九霄、刺破青天的气势！

望天树属于龙脑香科，柳安属。柳安属这个家族，共有11名成员，大多居住在东南亚一带。望天树只生长在我国云南，是我国特产的珍稀树种。望天树高大通直，叶互生，有羽状脉，黄色花朵排成圆锥花序，散发出阵阵幽香，其果实坚硬。望天树一般生长在700−1000米的沟谷雨林及山地雨林中，形成独立的群落类型，展示着奇特的自然景观。因此，学术界把它视为热带雨林的标志树种。

望天树材质优良，生长迅速，生产力很高，一棵望天树的主干材积可达10.5立方米，单株年平均生长量0.085立方

米，是同林中其他树种的2-3倍。因此是很值得推广的优良树种。

由于望天树具有如此高的科学价值和经济价值，而它的分布范围又极其狭窄，所以被列为我国的一级保护植物。

望天树还有一个极亲的“孪生兄弟”，名为擎天树。它其实是望天树的变种，也是在70年代于广西发现的。这擎天树的外形与其兄弟极其相似，也异常高大，常达60-65米，光枝下高就有30多米。其材质坚硬、耐腐性强，而且刨切面光洁，纹理美观，具有极高的经济价值和科学研究价值。擎天树仅仅发现生长在广西的弄岗自然保护区，因此同样受到严格的保护。

最凶猛的植物

世界上能吃动物的植物，约500多种，但绝大多数只能吃些细小的昆虫。可是，生长在印度尼西亚爪哇岛上的一种树，名叫奠柏，它居然能把人吃掉，真是世界上最凶猛的树了。

这种树长着许多柔软的枝条，如果人不小心触动了树，那些枝条马上就像蛇一样把人卷住，而且越卷越紧，人就脱不了身。这时树上很快就会分泌一种液汁，人粘着了就慢慢被“消化”掉了。当地人已掌握了它的“脾气”，先用鱼去喂它。等它吃饱后，懒得动了，就赶快去采集它的树汁。因为这树液是制药的宝贵原料。莫柏虽然凶猛，但终究斗不过人，最后还得乖乖地被人们利用。

生命力最顽强的植物

植物世界中，数地衣的生命力最顽强。据试验，地衣在摄氏零下273度的低温下还能生长，在真空条件下放置6年还保持活力，在比沸水温度高一倍的温度下也能生存。因此无论沙漠、南极、北极，甚至大海龟的背上它都能生长。

地衣为什么有如此顽强的生命力？人们经过长期研究，终于找到了“谜底”。原来地衣不是一种单纯的植物，它是由两类植物“合伙”组成，一类是真菌，另一类是藻类。真菌吸收水分和无机物的本领很大，藻类具有叶绿素，它以真菌吸收的水分、无机物和空气中的二氧化碳作原料，利用阳光进行光合作用，制成养料，与真菌共同享受。这种紧密的合作，就是地衣有如此顽强生命力之秘密。

最能忍受紫外线照射的植物

太阳光里有一种紫外线，几乎对所有生物都有影响。特别是微生物，受到一定剂量的紫外线照射，十几分钟就会被杀死。所以医院和某些工厂，常用紫外线进行灭菌。

高等植物也不例外。根据科学家的研究，如果用相当于火星表面的紫外线强度作为标准，来照射各种植物，番茄、豌豆等只要3～4小时就死去；黑麦、小麦、玉米等照射

60～100小时，能杀死叶片；而南欧黑松照射635小时，仍旧活着。这是对紫外线忍受能力最强的植物。科学家估计，像南欧黑松这样的植物，能够在火星上生活一个季节。这一事实证明，在地球以外的行星如火星上，有生物的存在是可能的。

最耐盐碱土的植物

我们居住的陆地，在远古时候，有很多地方原来是海洋。后来陆地上升，海水干涸，但海水里的盐分仍旧留在土壤里。这些盐碱，是植物生长的大敌。

一般来说，土壤里的含盐量在0.5%以下，可以种普通的庄稼；在0.5～1.0%时，只有少数耐盐性强的作物，如棉花、苜蓿、番茄、西瓜、甜菜等才能生长；含盐量超过1%以上的土壤，农作物就很难生长，只有少数耐盐性特别强的野生植物能够生长。

世界上最著名的耐盐植物是盐角草。它能生长在含盐量高达0.5～6.5%高浓度潮湿盐沼中。这种植物在我国西北和华北的盐土中很多。盐角草是不长叶子的肉质植物，茎的表面薄而光滑，气孔裸露出来。植物体内含水量可达92%，所含的灰分可达鲜重的4%，干重的45%。这些灰分是工业上有用的原料。

盐角草由于体内所含的盐分高，体液的浓度大，所以最能适应在盐土上生长。

最能贮水的草本植物

茫茫的沙漠中，气候特别干燥炎热，一年的降雨量很少，一般不超过二十五毫米，有的地方甚至整年不下雨。

生长在这些地区的植物，对于干旱有很大的适应能力。有“沙漠英雄花”美名的仙人掌，就有惊人的忍受干旱的能力，这是因为它有特殊的贮存水分的本领。特别是墨西哥沙漠中的巨柱仙人掌，长得像一根分叉的大柱子，通常有六七层楼那样高，粗得一个人抱不拢。有趣的是在它那巨大的身躯里，竟贮存着一吨以上的水。当地过路人常常砍开这种仙人掌，取水解渴，喝个痛快。草本植物里的芦荟、龙舌兰、四季海棠等，它们都有贮存水分的本领，可是没有一种能像巨柱仙人掌那样，贮存这么多的水分。巨柱仙人掌的确是最能贮水的草本植物。

为了适应干旱的沙漠环境，巨柱仙人掌的叶子已经退化成针刺，这样可以减少水分的蒸发；它有着又深又广的根系，稍有一点雨水，就大量吸收；它的茎生得厚厚的，因此能贮得住大量的水分，成了个小水库。这些，就是巨柱仙人掌能大量贮水的秘密。

牛牛趣味集

植物世界的生存竞争

植物世界生存竞争最残酷的一幕是绞杀现象。

绞杀植物介于藤本植物和附生植物之间，是热带雨林植物争夺阳光、空间和矿物营养的残酷斗争达到顶峰的产物。绞杀植物最初只是像附生植物一样附着在树木的枝干上，而后一方面像藤本植物一样向上攀登与树木争夺阳光，另一方面又长出气根扎入土壤与树木争夺矿物营养，同时气根形成网状包围住树干并逐渐愈合成自己的树干，最后原来的树木因得不到阳光和矿物营养而死去，绞杀植物则形成了一株新的大树。热带雨林中的植物绞杀现象，就是奉行你死我活的竞争逻辑。自然界所有的动物和植物想要生存下来，都必须参加残酷的竞争。生存环境时时刻刻在变化，生存资源总是有限的，于是形成了万物竞争的局面。植物生长需要阳光，但在一片面积固定的树林里，阳光是有限的。为了尽可能地占有更多的阳光，植物就要拼命往高长，要覆盖住其他的植物，否则就享受不到足够的阳光。那些在最初的竞争中没有长得足够高大的植物，因吸收不到足够的阳光，要么成了灌木和小

绞杀现象

草，要么从地球上消失了。

最著名的绞杀植物是各种榕树，其发达的气根可以形成“独木成林”的现象，也可以成为绞杀植物的绳索。本来依靠鸟类和动物将种子携带到宿主枝桠和树皮裂缝后，才得以萌发生长的榕树，非但不知恩图报，反而凭借自己垂吊而下的气根网，紧紧抱住宿主吸收养分并将其绞杀致死，进而占据其位置，寻求自身的发展。

植物在长期生存竞争中，逐渐形成了各式各样的防御敌人的“武器”。

毒素是植物最有效的防御武器。当植物被摸碰或被吃掉时，这种毒素便发挥作用了。有趣的是，植物毒素大部分集中在最易受袭击的部位，如植物的果实和花。富含汁液的植物多半有毒，如箭毒木的乳汁含有强心苷，除虫菊内含有除虫菊素等。

特异气味是植物的又一武器。药用昆尾草和百里香的气味，使动物闻而生厌，更引不起食欲。还有些植物，如胡椒、芥菜和辣椒的叶子，并没有很难闻的气味，它们的果实和种子也无毒，但含有各种不可口的或刺激性的物质，也使动物避而远之。

植物对病害的抵抗力是相当强的，它们受伤后，伤口会很快愈合；侵入的微生物也会被杀死。而且整株植物外面被角质层保护着，顶盔穿甲，绝大多数病菌都不能透过这种角质层。许多植物还会产生抑制微生物生长的物质，如亚麻根分泌物中含有氰化物。同时，当细菌侵入植物体内时，植物会产生特殊的能杀死病原微生物的物质——植物保护素。人们已经发现多种植物保护素，如四季豆产生的菜豆素，豌豆产生的豌豆素。

洋槐

不少植物通过披针带刺来保护自己。洋槐和仙人掌身上都有由叶子变态而来的叶刺，板栗的刺长在种子外面的种苞上，动物根本不敢吃。某些植物把针和毒两组防御武器结合起来，从而产生更有效的保护作用。蝥人荨麻就是这种植物。一些植物还会以酷似另一种植物或物体的方式而保护自己。死荨麻的外表和蝥人荨麻相差无几，虽无蝥人的本领，但也能免受害虫的侵害。

自然吉尼斯

世界上最大的植物：红杉

生长在美国加利福尼亚的驰名世界的巨杉，因为它树体红色，又叫红杉；又因为树龄长达三千年以上，故又称世界斧。

据说最大的几株巨杉，还不在约塞米蒂，而在相邻的巨杉国家公园里。最大的名叫谢尔曼将军树，树龄3500多岁，树高83米，树围31米，大约需要二十个人才可以合抱这株树。高出地面40米的第一枝树杈，都有2米的直径。总重量约2000吨，估计可以盖40栋中等住宅。如果用它的木料做一个特大的木箱，足以装下当今世界上最大的远洋客轮。

红杉

巨杉分布于内华达山脉西侧约400公里的条形地带，海拔在1400—2200米之间，共75个群落，少则十来株，多则几

千。约塞米蒂只有三处巨杉林。和巨杉混生在一起的，还有冷杉、糖松、西黄松及翠柏等乔木。巨杉的幼树呈圆锥体，好像一个倒置的蛋卷冰淇淋。长到几百岁，达到了极限的高度，便开始向粗壮发展。基部分枝逐渐脱落，树皮增厚，树干又粗又高，像擎天大柱。树冠越来越圆，空中的树枝也越来越壮，就好像在这个擎天大柱上，又横长出许多大树。但树上结的球果只有鸡蛋大小，内有150—250粒种子。不知为什么，环视地上，很难见到幼苗。

巨杉能活到3000多岁，这对植物界来说，是个无可比拟的数字。为什么巨杉能够如此长寿和粗壮，这是人们感兴趣的课题。首先它有一个广阔而畅通的营养运输系统。树根入土不深，但伸展很广，特别是在半米深左右，根系十分发达，能从营养最丰富的地层吸取水和无机盐。巨杉树皮的厚度，超过了地球上的任何植物。几百年以上大树的树皮，平均在30厘米左右，最厚可以超过60厘米。这是巨杉

红杉林

长寿的一个重要原因。这种树皮还有一个特点：随着树干的粗壮，它可以有规则地纵裂成一条一条很深的沟，这样就保证了树干能有不断生长壮大的余地。其次是内华达西麓潮湿多雨的气候，适合大树矗立成长的地层和土壤，构成了巨杉的理想环境。第三个重要因素是巨杉的抗灾能力十分突出。树体中含有一种化学物质，具有防腐、防虫、防真菌的性能。巨杉接近地面的树皮厚达30—60厘米，几乎不含可燃的树脂，而且富含不怕火烧的海绵质。所以一场野火过去，很多植物化为灰烬，而巨杉却得天独厚，火不仅没有伤害它，而且帮它清除了竞争对象，赢得了生长空间，丰富了地面营养，增强了抗疫能力。它因此“鹤立鸡群”，长得更加英俊雄伟。从很多的情况来看，许多巨杉的死亡不是由于衰老，而是因为树体太高太重，最后倾倒所致。而造成倾倒的原因是狂风暴雨、雪压树冠、蚂蚁造窝、水土流失以及这些因素的综合。所以有人认为，如果排除这些客观因素，巨杉可以活到5000—6000年，甚至一万年。

资格最老的种子植物

银杏树的寿命，远不及非洲的龙血树，也比不上美洲的巨杉。但是，它却是现存树木中辈分最高、资格最老的老前辈。它在两亿年前的中生代就出现在地球上了。其他树木（种子植物）都比它晚。

银杏在古代，广泛生存在欧亚大陆上，后来大冰川来了，大部分地区的银杏被冰川毁灭，成了化石，唯独我国还保存了一部分活的银杏树，绵延到现在，所以，都称它为活化石。

银杏是一种有特殊风格的树，叶子碧绿，像把折纸扇。它的枝叶含有抗虫毒素，能防虫蛀。银杏的种子，成熟时外种皮橙黄色，像杏子，所以叫银杏。它的中种皮色白而硬，也叫它白果。银杏的种仁是味道香美的干果，但多吃容易中毒。另外，种仁还可以药用，治痰喘咳嗽。现在，江苏的泰兴、泰州和苏州的洞庭山，浙江的诸暨，安徽的徽州等地，出产的白果最有名。

图书在版编目（CIP）数据

多彩的生命/姚宝骏，郭启祥主编. －南昌：百花洲文艺出版社，2012. 2
（自然科学新启发丛书）
ISBN 978-7-5500-0312-5

Ⅰ. ①多… Ⅱ. ①姚…②郭… Ⅲ. ①生物学－青年读物
②生物学－少年读物 Ⅳ. ①Q-49

中国版本图书馆CIP数据核字（2012）第029988号

多彩的生命

主　　编　姚宝骏　郭启祥

本册主编　曾宾宾

出 版 人　姚雪雪
责任编辑　毛军英　张　佳
美术编辑　彭　威
制　　作　周璐敏
出版发行　百花洲文艺出版社
社　　址　南昌市阳明路310号
邮　　编　330008
经　　销　全国新华书店
印　　刷　江西新华印刷集团有限公司
开　　本　787mm×1092mm　1/16　　印张　11
版　　次　2012年3月第1版第1次印刷
字　　数　120千字
书　　号　ISBN 978-7-5500-0312-5
定　　价　18.70元

赣版权登字 -05-2012-29

邮购联系　0791-86894736
网　　址　http://www.bhzwy.com
图书若有印装错误，影响阅读，可向承印厂联系调换。